科学与工程计算技术丛书

MATLAB

高等数学分析

（上册）

卓金武 / 主编

冯新月 刘一川 傅修齐 李翊瑄 张舒益 / 编著

清华大学出版社

北京

内 容 简 介

本书系统介绍了同济版《高等数学（上册）》（第七版）中各知识点的 MATLAB 实现方法，旨在让读者在大学一年级的高等数学学习阶段就可以得到 MATLAB 编程及工程实践能力的训练，同时通过实践反向促进理论课的学习。本书内容与同济版《高等数学（上册）》（第七版）配套，书中有引用"理论教材"时均指此书。全书内容分 8 章。第 0 章主要介绍 MATLAB 快速入门，核心内容是引导读者转变 MATLAB 的学习理念，以"问题驱动，思路主导，边学边用"的方式学习，这样可以快速建立读者对 MATLAB 的使用信心，读者可以像使用 Word 一样去使用 MATLAB。第 1～7 章是本书的主体部分，系统介绍了高等数学的 MATLAB 实现方法。每章包含了以下内容：①知识要点回顾：重温高等数学中的知识点，便于读者理解 MATLAB 命令及案例针对的理论知识点；②主要的 MATLAB 函数：介绍要实现某个命令，会用到的 MATLAB 函数及其具体用法；③MATLAB 案例：介绍高等数学中的 MATLAB 求解问题的具体实现方式，包含详细的代码及关键代码的注释；④工程拓展实例：通过实例介绍工程界是如何应用高等数学的知识的，拓展读者的思路，让读者对日后的工程应用场景有个更清晰的认识；⑤习题：MATLAB 是实践性的技术，必须通过实践来提高应用水平，最重要的是通过练习加深对理论知识的掌握。

本书适合作为高等数学或高等数学实验的参考用书，还可以作为广大科研人员、工程技术人员的参考用书。

图书在版编目（CIP）数据

MATLAB 高等数学分析. 上册/卓金武主编. —北京：清华大学出版社，2020.6（2025.5重印）
（科学与工程计算技术丛书）
ISBN 978-7-302-55516-2

Ⅰ．①M…　Ⅱ．①卓…　Ⅲ．①Matlab 软件－应用－高等数学－高等学校－教材　Ⅳ．①O13

中国版本图书馆 CIP 数据核字（2020）第 086395 号

责任编辑：盛东亮　钟志芳
封面设计：李召霞
责任校对：李建庄
责任印制：杨 艳

出版发行：清华大学出版社
　　　　网　　　址：https://www.tup.com.cn, https://www.wqxuetang.com
　　　　地　　　址：北京清华大学学研大厦 A 座　　　　　　邮　　编：100084
　　　　社 总 机：010-83470000　　　　　　　　　　　　邮　　购：010-62786544
　　　　投稿与读者服务：010-62776969，c-service@tup.tsinghua.edu.cn
　　　　质量反馈：010-62772015，zhiliang@tup.tsinghua.edu.cn
　　　　课件下载：https://www.tup.com.cn, 010-83470236
印 装 者：三河市君旺印务有限公司
经　　销：全国新华书店
开　　本：186mm×240mm　　印　张：12　　　　　　字　　数：267 千字
版　　次：2020 年 8 月第 1 版　　　　　　　　　　印　　次：2025 年 5 月第 5 次印刷
定　　价：49.00 元

产品编号：084993-01

FOREWORD

To Accelerate the Pace of Engineering and Science. These eight words have summarized the MathWorks mission for over 30 years.

In that time, it has been an honor and a humbling experience to see engineers and scientists using MATLAB and Simulink to create transformational breakthroughs in an amazingly diverse range of applications: the electrification and increasing autonomy of automobiles; the dramatically more accurate models and forecasts of our weather and climates; the increased performance and safety of aircraft; the insights from neuroscientists about how our brains and bodies work; the pervasiveness of wireless communications; the reliability of power grids; and much more.

At the same time, MATLAB and Simulink have helped countless students in engineering and science courses to learn key technical concepts and apply them to real-world problems, preparing them better for roles in research, teaching, and industry. They are also equipped to become lifelong learners, exploring for new techniques, combining them, and applying them in novel ways.

Today, the pace of innovation in engineering and science is astonishing. That pace is fueled by huge volumes of data, matched with computing hardware and machine-learning algorithms for extracting information from it. It is embodied by software and algorithms in almost every type of system—from children's toys to household appliances to robots and manufacturing systems to almost every form of transportation—making those systems more functional, flexible, and autonomous. Most important, that pace is driven by the engineers and scientists who gain the insights, create the technologies, and design the innovative systems.

To support today's pace of innovation, MATLAB has evolved into a broad and unifying technical computing platform, spanning well-established methods, such as control design and signal processing, with exciting newer areas, such as deep learning, robotics, and IoT development. For today's smart connected systems, Simulink is the platform that enables you to simulate those systems, optimize the design, and automatically generate the embedded code.

The topics in this book series reflect the broad set of areas that MATLAB and Simulink bring together: large-scale programming, machine learning, scientific computing, robotics, and more. We are delighted to collaborate on this series, in support

FOREWORD

of our ongoing goal: to enable you to accelerate the pace of your engineering and scientific work.

I look forward to the innovations that you will create!

Jim Tung
MathWorks Fellow

II

致力于加快工程技术和科学研究的步伐——这句话总结了 MathWorks 坚持超过三十年的使命。

在这期间,MathWorks 有幸见证了工程师和科学家使用 MATLAB 和 Simulink 在多个应用领域中的无数变革和突破:汽车行业的电气化和不断提高的自动化;日益精确的气象建模和预测;航空航天领域持续提高的性能和安全指标;由神经学家破解的大脑和身体奥秘;无线通信技术的普及;电力网络的可靠性;等等。

与此同时,MATLAB 和 Simulink 也帮助了无数大学生在工程技术和科学研究课程里学习关键的技术理念并应用于实际问题中,培养他们成为栋梁之材,更好地投入科研、教学以及工业应用中,指引他们致力于学习、探索先进的技术,融合并应用于创新实践中。

如今,工程技术和科研创新的步伐令人惊叹。创新进程以大量的数据为驱动,结合相应的计算硬件和用于提取信息的机器学习算法。软件和算法几乎无处不在——从孩子的玩具到家用设备,从机器人和制造体系到每一种运输方式——让这些系统更具功能性、灵活性、自主性。最重要的是,工程师和科学家推动了这些进程,他们洞悉问题,创造技术,设计革新系统。

为了支持创新的步伐,MATLAB 发展成为一个广泛而统一的计算技术平台,将成熟的技术方法(比如控制设计和信号处理)融入令人激动的新兴领域,例如深度学习、机器人、物联网开发等。对于现在的智能连接系统,Simulink 平台可以让您实现模拟系统,优化设计,并自动生成嵌入式代码。

"科学与工程计算技术丛书"系列主题反映了 MATLAB 和 Simulink 汇集的领域——大规模编程、机器学习、科学计算、机器人等。我们高兴地看到"科学与工程计算技术丛书"支持 MathWorks 一直以来追求的目标:助您加速工程技术和科学研究。

期待着您的创新!

Jim Tung
MathWorks Fellow

本书的背景和意义

本书为应对新一轮科技革命与产业变革,支撑服务创新驱动发展、"中国制造2025"等一系列国家战略而写。2017年2月以来,教育部积极推进新工科建设、金课建设、双万计划等一系列措施,旨在形成领跑全球工程教育的中国模式,助力强国建设。在这一系列政策和概念的指引下,如何培养有能力、实干、理论与实践兼备的工程师是教育界需要解决的问题。回归教育,在信息技术迅猛发展的时代,根据工业界的反馈和教育的经验,教育界普遍认同项目式学习和计算思维的培养是高等教育的主要突破方向。

项目式学习是一种通过参与解决真实的项目或问题的学习方式,着眼于实践并通过实践强化和倒逼理论的学习,是一种既培养实际工程实践能力又促进理论学习和理论转化能力培养的学习方式。项目式学习很容易让学习者体验到成功解决问题的成就感和快乐,从而形成正向反馈机制,激励学习者继续学习,从而逐渐培养学习的兴趣。

计算思维综合了应用数学思维和计算机编程能力。任何领域的研发到了一定阶段都离不开数学,数学在工程或产品中的体现的是程序,所以计算思维对未来的科学家和工程师来说都非常重要。计算思维的培养离不开具体的项目,所以项目式学习和计算思维培养自然融合到一起了。

回到高等教育本身,如何系统培养学生的计算思维呢?不妨分析一下本科的课程组成,从图1的本科(以通信工程为例)课程构成可以发现,其实我们现在的本科课程中,数学和应用数学课程(与专业结合)已自然呈现循序渐进、逐渐累积的趋势,只是我们传统的教育不利

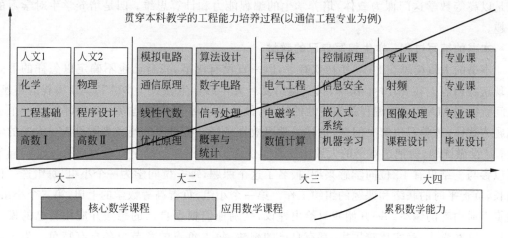

图1　新工科教学改革路线图(以通信工程为例)

于这些课程的累计和融合。基于这样的分析结果,如果从大学一年级就通过项目式学习,结合具体的课程,培养学生的计算思维,那么就很自然地实现了更有成效的学习变革。

基于这样的认识,很自然就得到了本科阶段系统的项目式计算思维培养方案:

(1) 大一:高等数学部分,增加 MATLAB 高等数学实践部分,培养学生的基本编程能力和数学应用能力。

(2) 大二:线性代数和概率部分,增加相应的实践环节,继续增强学生的编程能力和基本的工程应用能力,如数据分析、数学建模、算法设计能力。大二在部分专业基础课程部分,增设实验和项目实践内容,培养基本专业理论的应用能力。

(3) 大三:在专业课部分,增加实验和实践环节,鼓励学生将所学的专业知识通过平台转化成工程产品原型。

(4) 大四:在课程设计或毕业设计中,鼓励学生系统使用基于模型设计的技能完成完整的工程项目。

高等数学是高等教育阶段最核心的基础课程。MATLAB 是最通用的科学计算软件,广泛应用于科研和工程中,也是培养计算思维的最佳平台,所以高等数学和 MATLAB 的结合也就很自然了。本书的定位是高等数学的 MATLAB 项目式学习参考书,其主要内容是讲解高等数学中主要知识的 MATLAB 实现过程以及这些知识在工程界的应用实例。本书的作用:一是让学生在学习高等数学阶段的时候就学习 MATLAB 编程,培养由理论知识到实践转化的能力;二是通过实践环节倒逼学生对理论的学习并促进对理论知识的理解;三是以高等数学这门课为载体,培养学生的编程能力和计算思维;四是培养学生对学习的兴趣。

本书的编写过程:学生编写自己的教材

本书的大致构思在 2018 年初就有了,但一直没有落笔,我自己也不确定以怎样的形式呈现这些内容。在 2018 年秋季,我受邀给复旦大学的学生做关于 MATLAB 编程的讲座,其间就提到 MATLAB 编程是实践性的技术,最好的学习方式就是以一个小课题或一个小问题为载体,边学习边解决问题,这样的学习效果最好。听讲座的绝大多数是大一大二的学生,还没做课题,就把这本书的大致构思跟学生说了一下,并鼓励学有余力或感兴趣的同学可以参与。结果有 10 位同学感兴趣,报名了这个课题,每 5 位同学为一个小组,每组选一位组长,负责平时的联络和课题的组织工作。第一个小组,负责高等数学的上册,第二个小组,负责下册内容的编写。一开始我只给出建议,鼓励他们根据自己的想法并应用自己的模式表达。这些学生,确实比较厉害,都有自己的想法,每人负责的章节也各自有特色。为了让内容风格更一致,经过组内互评、几轮讨论后,挑选了几种更好的内容(高等数学知识点和

MATLAB 程序的融合)表达模式,再进行修改,最后由本人汇总、修改,最终形成了本书的内容。

一个讲座促成了这个特殊的组合和课题的完成,这个过程对我也很有启发,让学生自己去编写自己的教材太神奇了,他们是可以创造未来的,毕竟教材的主体是他们,他们更懂得自己的学习风格,知道自己更喜欢什么样的内容,所以他们的参与首先贡献了很多内容的表达风格和想法。其次对他们来说,也是一次很好的课题实践活动。这些学生只知道MATLAB 很有用,但绝大多数,MATLAB 用得并不好,或者根本不会用,一开始他们的想法就是通过这个课题,学会使用 MATLAB。但课题完成后,所有学生的 MATLAB 使用水平已经很高了,在不知不觉中,已经可以灵活运用 MATLAB 编程解决自己遇到的问题了。甚至,有的同学对高等数学和 MATLAB 有了更深刻的感悟。

李翊瑄是参加上册编写的一位同学,在课题讨论会上,她分享了自己的一个体会:"传统的高等数学学习中,我们接触的是解析解的概念与解析方法,与 MATLAB 的结合带来了数值解的想法,这种想法通常更接近实际问题的解决。同时理解解析方法与数值方法,可以让我们更直观地学习高等数学的概念与方法,并增强对这些方法在实际生产生活中应用的能力,还能帮助我们更好地理解计算机处理计算的过程。比如,它并不能做到我们在传统数学学习中接触的无限趋近的想法,而往往需要通过迭代计算方法减小误差至一个较小的容差值。理解计算机的运算方式,我们才能在日后更好地进行其他依赖计算机的研究工作。另外,一个数值计算的方法很难用对错定论,往往用计算复杂度、误差值等作为其评价标准。比如从定积分求解的角度,通过牛顿-莱布尼兹公式求解的方式可以得出积分的精确结果,但通过不同的数值方法我们往往会得到不同的带有误差的解,因此我们就需要不断地对自己设计出的数值方法进行优化。每一个数值方法背后其实都还蕴藏着优化的潜能,我们每位读者都可以独立探索,设计出带有个人特点的更优化、更有创造力的数值方法。因此,MATLAB 与高等数学相结合能更好地培养我们的创造能力以及精益求精的习惯,这种能力与习惯对日后的学习研究都是很有帮助的。每一种数学方法在 MATLAB 函数中的体现都是一次人机的交流,每一次将人脑思维转化为计算机思维的基础实践,都会成为我们日后在有关方向研究学习的基础。希望读者在阅读本书时能够体会这种学习方式!"

我想只有参与课题或者研读这本书之后的读者才能有这样的体会! 如果读者能够得到这样的体会,我想这本书的目的就达到了!

本书特色

纵观全书,可发现本书特点鲜明,主要表现在:

(1) 知识系统,结构合理。本书的内容编排基本与同济版《高等数学(上册)》(第七版)

前言

一致，这样便于读者与理论知识相对应。对于具体内容，则按照本章目标、相关命令、MATLAB实例、拓展实例以及动手实践等内容依次展开。这样既保持了知识的系统性，也便于读者更高效地学习。

（2）理论与实践相得益彰。对于本书的每个知识点，都列举了若干个典型的案例，读者可以通过案例加深理论的理解。本书选择的案例都是高等数学中的典型例题或习题，并且通过程序展示，很容易让读者产生共鸣，同时读者可以利用案例的程序，进行模仿式学习，也能提高学习效率。

如何阅读本书

全书内容共8章。

第0章（从0章开始是为了使其他章节与高等数学教材相对应），主要介绍MATLAB快速入门的内容，核心是引导读者转变MATLAB的学习理念，以"问题驱动，思路主导，边学边用"的学习方式学习，这样可以快速建立对MATLAB的使用信心，感觉MATLAB就是一个常规软件，可以像使用Word一样去使用MATLAB。

第1～7章是本书的主体部分，系统介绍了高等数学的MATLAB实现方法。每章包含了以下内容：

（1）本章目标：重温高等数学中的知识点，便于读者理解随后的MATLAB命令、案例针对的理论知识点。

（2）相关命令：介绍要实现某个命令需用到的MATLAB函数，以及介绍这些函数的具体用法。

（3）MATLAB实例：介绍高等数学中的MATLAB求解问题的具体实现方式，包含详细的代码，以及关键代码的注释。

（4）拓展实例：通过实例介绍工程界是如何应用高等数学的这些知识的，拓展读者的思路，让读者对日后的工程应用场景有更清晰的认识。

（5）动手实践：MATLAB是实践性的技术，必须要通过实践来提高应用水平，最重要的是通过练习可以加深对理论知识的掌握。

读者对象

（1）各大院校学生。

（2）高等数学或高等数学实验教师。

（3）从事工程数学科研的工程师或科研人员。本书含高等数学的工程拓展实例，对工程人员和科研人员也有参考意义。

（4）希望学习MATLAB的工程师或科研工作者。因为本书的代码都是用MATLAB

编写的,所以对于希望学习 MATLAB 的读者来说,本书是一本很好的参考书。

致读者

本书系统地介绍了 MATLAB 高等数学的实现方法。书中的内容虽然系统,但也相对独立,教师可以根据课程的学时安排和专业方向的侧重,选择合适的内容进行课堂教学,其他内容则可以作为参考。

作为 21 世纪的大学生,工程化的思想越来越重要,不仅要学科学,更重要的是如何将科学转化为工程,用工程辅助科学的进一步发展。高等数学作为最基础的学科,重要性不言而喻,MATLAB 编程是实现科学到工程的具体工具,是科学和工程的桥梁,而利用 MATLAB 实现高等数学方法是科学转化为工程的第一步,希望读者通过学习本书对此有更深刻的体会,本书也算是科学到工程的启蒙书。

勘误和支持

由于时间仓促,加之作者水平有限,书中错误和疏漏之处在所难免。在此,诚恳地期待广大读者批评指正。

致谢

感谢 MathWorks 公司,在我写作期间提供全面、深入、准确的参考材料! 感谢清华大学出版社盛东亮老师一直以来的支持和鼓励,帮助我们顺利完成全部书稿!

卓金武

2020 年 7 月

目录

目录

目录

第 0 章 MATLAB 快速入门

本章将通过一个实例介绍如何像使用 Word 一样使用 MATLAB,真正将 MATLAB 当工具来使用。本章的目标是,即使读者从来没有用过 MATLAB,只要看完本章,也可以轻松使用 MATLAB。

0.1 MATLAB 基础

MATLAB 在现有科学计算工具中,入门算是比较容易的。对于 MATLAB 入门,需要了解它的特点(知道它的专长)、功能(知道它可以做什么)以及如何上手(怎么使用)。

0.1.1 MATLAB 概要

MATLAB 是矩阵实验室(Matrix Laboratory)之意。除具备卓越的数值计算能力外,它还提供了专业水平的符号计算、文字处理、可视化建模仿真和实时控制等功能。MATLAB 的基本数据单位是矩阵,它的指令表达式与数学、工程中常用的形式十分相似,故用 MATLAB 来解算问题要比用 C、FORTRAN 等语言完成相同的事情简捷得多。学习 MATLAB,先要从 MATLAB 的历史开始,因为 MATLB 的发展史就是人类社会在科学计算快速发展的历史,同时也可以了解 MATLAB 的两位缔造者 Cleve Moler 和 John Little 在科学史上所做的贡献。

20 世纪 70 年代后期,身为美国 New Mexico 大学计算机系系主任的 Cleve Moler 在给学生讲授线性代数课程时,想教学生使用 EISPACK 和 LINPACK 程序库,但他发现学生用 FORTRAN 编写接口程序很费时间,于是他开始自己动手,利用业余时间为学生编写 EISPACK 和 LINPACK 的接口程序。Cleve Moler 给这个接口程序取名为 MATLAB,该名为矩阵(matrix)和实验室(laboratory)两个英文单词的前三个字母的组合。在以后的数年里,MATLAB 在多所大学里作为教学辅助软件使用,并作为面向大众的免费软件广为流传。1983 年春天,Cleve Moler 到

Standford 大学讲学,MATLAB 深深地吸引了工程师 John Little,John Little 敏锐地觉察到 MATLAB 在工程领域的广阔前景。同年,他和 Cleve Moler、Steve Bangert 一起,用 C 语言开发了第二代专业版。这一代的 MATLAB 语言同时具备了数值计算和数据图示化的功能。1984 年,Cleve Moler 和 John Little 成立了 MathWorks 公司,正式把 MATLAB 推向市场,并继续进行 MATLAB 的研究和开发。

MathWorks 公司顺应多功能需求之潮流,在其卓越数值计算和图示能力的基础上,又率先在专业水平上开拓了其符号计算、文字处理、可视化建模和实时控制能力,开发了适合多学科、多部门要求的新一代科技应用软件 MATLAB。经过多年的国际竞争,MATLAB 已经占据了数值软件市场的主导地位。MATLAB 的出现,为各国科学家开发学科软件提供了新的基础。在 MATLAB 问世不久的 20 世纪 80 年代中期,原先控制领域里的一些软件包纷纷被淘汰或在 MATLAB 上重建。

时至今日,经过 MathWorks 公司的不断完善,MATLAB 已经发展成为适合多学科、多种工作平台的功能强大的大型软件。在国外,MATLAB 经受了多年考验。在欧美等高校,MATLAB 已经成为线性代数、自动控制理论、数理统计、数字信号处理、时间序列分析、动态系统仿真等高级课程的基本教学工具,成为攻读学位的大学生、硕士生、博士生必须掌握的基本技能。在设计研究单位和工业部门,MATLAB 被广泛用于科学研究和解决各种具体问题。在国内,特别是工程界,MATLAB 一定会盛行起来。可以说,无论你从事工程方面的哪个学科,都能在 MATLAB 里找到合适的功能。

当前流行的 MATLAB/Simulink 已包括面向各个学科和领域的近百个工具箱(Toolbox),工具箱又可以分为功能工具箱和学科工具箱。功能工具箱用来扩充 MATLAB 的符号计算、可视化建模仿真、文字处理及实时控制等功能。学科工具箱是专业性比较强的工具箱,控制工具箱、信号处理工具箱、通信工具箱等都属于此类。

开放性使 MATLAB 广受用户欢迎。除内部函数外,所有 MATLAB 主包文件和各种工具箱都是可读可修改的文件,用户可以通过对源程序的修改或加入自己编写的程序构造新的专用工具箱。

0.1.2 MATLAB 的功能

MATLAB 软件是一种用于数值计算、可视化及编程的高级语言和交互式环境。使用 MATLAB,可以分析数据、开发算法、创建模型和应用程序。借助其语言、工具和内置数学函数,可以探求多种方法,比电子表格或传统编程语言(如 C/C++ 或 Java)能更快地求取结果。

以 MATLAB 为基础,经过多年的发展,MATLAB 已增加了众多的专业工具箱(如图 0-1 所示),所以其应用领域非常广泛,其中包括信号处理与通信、图像与视频处理、控制系统、测试与测量、计算金融学及计算生物学等众多应用领域。在各行业和学术机构中,工程师和科学家使用 MATLAB 这一技术计算的语言提高他们的工作效率。

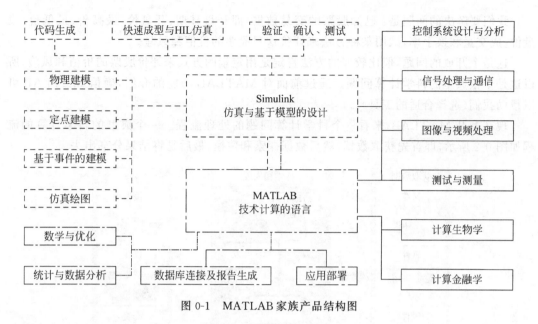

图 0-1　MATLAB家族产品结构图

0.1.3　快速入门案例

MATLAB虽然也是一款程序开发工具,但依然是工具,所以它可以像其他工具(如Word)一样易用。而传统的学习 MATLAB 方式一般是从学习 MATLAB 知识开始,比如MATLAB 矩阵操作、绘图、数据类型、程序结构、数值计算等内容。学这些知识的目的是能够将 MATLAB 用起来,可是即便学完了,很多人还是不自信自己能独立、自如地使用MATLAB。这是因为在学习这些知识的时候,目标是虚无的,不是具体的,具体的目标应该是要解决某一问题。

作者虽然已使用MATLAB多年,但记住的 MATLAB 命令不超过 20 个,每次都靠几个常用的命令一步一步地实现各种项目。所以说,想使用 MATLAB 并不需要那么多知识的积累,只要掌握住 MATLAB 的几个小技巧就可以了。另外一点需要说明的是,最好的学习方式就是基于项目的学习(Project Based Learning,PBL),因为这种学习方式是问题驱动式的学习方式,这种方式让学习的目标更具体,更容易让学习的知识转化成实实在在的成果,也让学习者觉得学有成就,最重要的是让学习者快速建立自信,感受到学习的成就感、快乐感,也更容易对学习对象产生兴趣。

MATLAB 的使用其实可以很简单,即使学习者从来都没有用过 MATLAB,也可以很快、很自如地使用 MATLAB,如果非要问到底需要多长时间才可以 MATLAB 入门,1 个小时就够了!

下面将通过一个小项目,带着大家一步一步用 MATLAB 解决实际问题,并假设我们都是 MATLAB 的门外汉(还不到"菜鸟"的水平)。

　　我们要解决的问题是：已知股票的交易数据，即开盘日期、开盘价、最高价、最低价、收盘价、成交量和换手率，试用某种方法来评价这只股票的价值和风险。

　　这是个开放的问题，但比较好的方法肯定是用定量的方式来评价股票的价值和风险，所以这是个很典型的科学计算问题。通过前面对 MATLAB 功能的介绍，确信 MATLAB 可以帮助我们(选择合适的工具)。

　　现在抛开 MATLAB，来看一个科学计算问题的处理流程。一个典型的科学计算的流程如图 0-2 所示，即首先获取数据，然后数据探索和建模，最后是将结果分享出去。

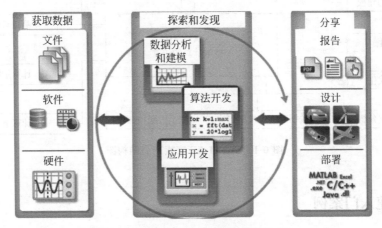

图 0-2　MATLAB 典型科学计算流程

　　现在根据这个流程，看如何用 MALTAB 实现这个项目。

第一阶段：利用 MATLAB 从外部(Excel)读取数据

　　对于一个门外汉，并不知道如何用命令来操作，但计算机操作经验告诉我们，当不知道如何操作的时候，不妨尝试一下右键。

　　(1) 选中数据文件，右击，弹出快捷菜单，可发现有个【导入数据】选项，如图 0-3 所示。

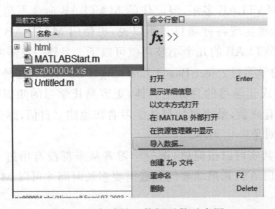

图 0-3　启动导入数据引擎示意图

（2）单击【导入数据】选项，则启动一个导入数据引擎，如图 0-4 所示。

图 0-4　导入数据界面

（3）观察图 0-4，在右上角有个【导入所选内容】按钮，直接单击，在 MATLAB 的工作区（当前内存中的变量）就会显示这些导入的数据，并以列向量的方式表示（如图 0-5 所示），因为默认的数据类型就是"列向量"，也可以选择其他数据类型，不妨做几个实验，观察一下选择不同的数据类型后结果会有什么不同。

至此，第一阶段获取数据的工作完成。下面就转入第二阶段的工作。

图 0-5　变量在工作区中的显示方式

第二阶段：数据探索和建模

对于该问题，我们的目标是能够评估股票的价值和风险，但现在我们还不知道该如何来评估，MATLAB 是工具，不能代替我们决策用何种方法来评估，但是可以辅助我们得到合适的方法，这就是数据探索部分的工作。下面我们就来尝试在 MATLAB 中进行数据的探索和建模。

（1）查看数据的统计信息，了解数据。具体操作方式是双击工作区，会得到所有变量的详细统计信息，如图 0-6 所示。

名称 ▾	大小	类	最小值	最大值	均值	方差
Volum	98x1	double	624781	11231861	3.2248...	2.5743...
Turn	98x1	double	0.7449	13.3911	3.8447	3.6592
Popen	98x1	double	15.5800	37	22.3703	31.1909
Plow	98x1	double	15.3000	35.1600	21.8470	27.3291
Phigh	98x1	double	15.9000	38.8000	23.0387	35.9744
Pclose	98x1	double	15.6900	37.3800	22.5668	31.9923
DateNum	98x1	double	735969	736113	7.3604...	1.8899...
Date	98x1	double	201501...	20150529	201503...	2.0278...

图 0-6　变量的统计信息界面

通过查看工作区变量这些基本的统计信息，有助于在第一层面快速认识正在研究的数据。只要大体浏览即可，除非这些统计信息对某个问题有更重要的意义。数据的统计信息是认识数据的基础，但不够直观，更直观也更容易发现数据规律的方式是数据可视化，也就是以图的形式呈现数据的信息。下面我们将尝试用 MATLAB 对这些数据进行可视化。

由于变量比较多，所以要对这些变量进行初步的梳理。一般我们关心收盘价随时间的变化趋势，可以初步选定日期（DateNum）和收盘价（Pclose）作为重点研究对象，也就是说，下一步我们要对这两个变量进行可视化。

作为新手，我们还不知道如何绘图，但不要紧，新版 MATLAB（2012a 以后）提供了非常多的绘图功能。新版 MALTAB 有个"绘图"面板，提供了非常丰富的图形原型，如图 0-7 所示。

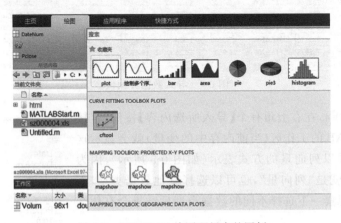

图 0-7　MATLAB 绘图面板中的图例

注意，只有在工作区选中变量后，绘图面板中的这些图标才会激活。接下来就可以选中一个图标进行绘图，一般先选第一个（plot）看一下效果，然后再浏览整个面板，看看有没有更合适的。下面我们进行绘图操作。

（2）选中变量 DateNum 和 Pclose，在绘图面板中单击 plot 图标，可以得到这两个变量的可视化结果，如图 0-8 所示。

同时还可以在命令窗口区显示绘制此图的命令：

```
>> plot(DateNum,Pclose)
```

这样就知道了，下次再绘制这样的图直接用 plot 命令就可以了。一般情况下，用这种方式绘制的图往往不能满足某些要求，比如希望更改：①曲线的颜色、线宽、形状；②坐标轴的线宽、坐标，增加坐标轴描述；③在同一坐标轴中绘制多条曲线。

此时就需要了解更多关于 plot 命令的用法，MATLAB 强大的帮助系统可以帮助我们实现期望的结果。最直接获取帮助的两个命令是 doc 和 help，对于新手来说，推荐使用 doc，因为 doc 直接打开的是帮助系统中的某个命令的用法说明，而且有应用实例（如图 0-9 所示），这样就可以"照猫画虎"，直接参考实例，将实例快速转化成自己需要的代码。

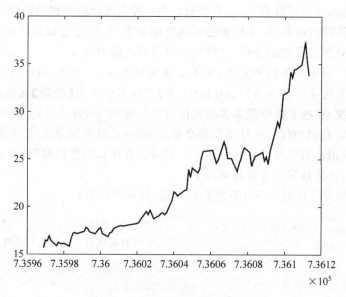

图 0-8　通过 plot 图标绘制的原图

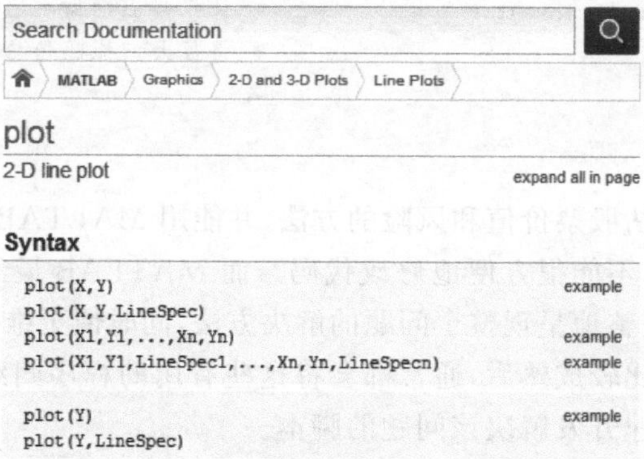

图 0-9　通过 doc 启动的 plot 帮助信息界面

　　当然也可以在绘图面板上选择其他图标,这样就可以与 plot 绘制的图进行对照,看哪种绘图形式更适合数据的可视化和理解。一般情况下,我们在对数据进行初步的认识之后,就能够在脑海中勾绘出比较理想的数据呈现形式,这时快速浏览一下绘图面板中的可用图标,即可选定自己中意的绘图形式。对于案例中的问题,还是认为中规中矩的曲线图更容易描绘出收盘价随时间的变化趋势,所以在这个案例中,还是选择 plot 来对数据进行可视化。

　　接下来要考虑的是如何评估股票的价值和风险。

　　从图 0-8 中我们大致可以看出,对于一只好的股票,我们希望股票的增幅越大越好,体现在数学上,就是曲线的斜率越大越好。而对于风险,同样对于这样的走势,则用最大回撤来描述它的风险更合适。

经过以上分析,我们可以确定,接下来我们要计算曲线的斜率和该股票的最大回撤。我们先来看如何计算曲线的斜率,从数据的可视化结果来看,数据近似成线性,不妨用多项式拟合的方法来拟合该组数据的方程,这样就可以得到曲线的斜率。

如何拟合呢?对于一个新手来说,并不清楚用什么命令。此时就可以用 MATLAB 自带的强大的帮助系统了。在 MATLAB 的【主页】选项卡中单击【帮助】按钮(靠近右侧),就可以打开帮助系统,在搜索框中搜索多项式拟合的关键词"polyfit",马上就可以列出与该关键词相关的帮助信息,会发现,正好有个命令就是 polyfit,单击该命令,进入该命令的用法页面,了解该命令的用法后就可以直接使用了。也可以直接找中意的案例,然后直接将案例中的代码复制过去,修改数据和参数就可以了。

(3) 使用多项式拟合的命令计算股票的价值,具体代码为:

```
>> p = polyfit(DateNum,Pclose,1);          % 多项式拟合
>> value = p(1)                            % 将斜率赋值给 value,作为股票的价值
value =
    0.1212
```

(4) 用通常的方法,即通过 help 查询的方法,可以很快得到计算最大回撤的代码:

```
>> MaxDD = maxdrawdown(Pclose);            % 计算最大回撤
>> risk = MaxDD                            % 将最大回撤赋值给 risk,作为股票的风险
risk =
    0.1155
```

我们已经找到了评估股票价值和风险的方法,并能用 MALTAB 来实现了。但是,我们都是在命令行中实现的,不能很方便地修改代码。而 MATLAB 最经典的一种用法就是脚本,因为脚本不仅能够完整地呈现整个问题的解决方法,同时便于维护、完善、执行。所以当我们的探索和开发工作比较成熟后,通常都会将这些有用的程序归纳整理起来,形成脚本。现在我们就来看如何快速开发解决该问题的脚本。

(5) 重新选中数据文件,右击,再单击【导入数据】,待启动导入数据引擎后,单击【导入所选内容】右下侧的下三角按钮,弹出下拉列表框,然后单击其中的【生成脚本】,就会得到导入数据的脚本,保存该脚本。

(6) 从命令历史中选择一些有用的命令,并复制到脚本中,这样就得到解决该问题的完整脚本了,如下所示:

```
%% MATLAB 入门案例
%% 导入数据
clc, clear, close all
% 导入数据
[~, ~, raw] = xlsread('sz000004.xls','Sheet1','A2:H99');

% 创建输出变量
```

```
data = reshape([raw{:}],size(raw));

% 将导入的数组分配给列变量名称
Date = data(:,1);
DateNum = data(:,2);
Popen = data(:,3);
Phigh = data(:,4);
Plow = data(:,5);
Pclose = data(:,6);
Volum = data(:,7);
Turn = data(:,8);
% 清除临时变量
clearvars data raw;

%% 数据探索
figure                                    % 创建一个新的图像窗口
plot(DateNum,Pclose,'k')                  % 更改图的颜色为黑色(打印后不失真)
datetick('x','mm');                       % 更改日期显示类型
xlabel('日期');                           % x轴说明
ylabel('收盘价');                         % y轴说明
figure
bar(Pclose)                               % 作为对照图形

%% 股票价值的评估
p = polyfit(DateNum,Pclose,1);            % 多项式拟合,
% 分号作用为不在命令窗口显示执行结果
P1 = polyval(p,DateNum);                  % 得到多项式模型的结果
figure
plot(DateNum,P1,DateNum,Pclose,'*g');     % 模型与原始数据的对照
value = p(1)                              % 将斜率赋值给 value,作为股票的价值

%% 股票风险的评估
MaxDD = maxdrawdown(Pclose);              % 计算最大回撤
risk = MaxDD                              % 将最大回撤赋值给 risk,作为股票的风险
```

到此,第二阶段的数据探索和建模工作就完成了。

第三阶段:发布

当项目的主要工作完成之后,就进入了发布阶段,换句话说,就是将项目的成果展示出来。通常来讲,展示项目的形式有以下几种:

(1)能够独立运行的程序,比如在第二阶段得到的脚本;

(2)报告或论文;

(3)软件和应用。

第一种发布形式在第二阶段已完成。而对于第三种形式,更适合大中型项目,当然用MATLAB开发应用也比较高效。我们这里重点关注第二种发布形式,因为这是种比较常

用也比较实用的项目展示形式。下面还将继续上面的案例,介绍如何通过 MATLAB 的 publish 功能,来快速发布报告。

(1) 打开【发布】选项卡,单击【发布】按钮(最右侧)下面的下三角按钮,打开下拉列表框,单击其中的【编辑发布选项】,就打开了发布界面,如图 0-10 所示。

图 0-10 发布界面示意图

(2) 根据自己的要求,选择合适的"输出文件格式",默认为 html,但比较常用的是 doc 格式,因为 doc 格式便于编辑,尤其是对于写报告或论文。然后单击【发布】按钮,就可以运行程序,同时会得到一份详细的运行报告,包括目录、实现过程、主要结果和图,当然也可以配置其他选项来控制是否显示代码等内容。

至此,整个项目就算完成了。从中可以发现,整个过程中,并不需要记住多少个 MATLAB 命令,只需少数几个命令,MATLAB 就帮我们完成了。通过这个项目,可以有这样的基本认识,一是 MATLAB 的使用很简单,就像一般的办公工具;二是做项目过程中,思路是核心,只是用 MATLAB 快速实现了要解决的问题。

0.1.4 入门后的提高

快速入门是为了让读者快速建立对 MATLAB 使用的信心,有了信心后,提高就是自然而然的事情了。为了帮助读者更自如地应用 MATLAB,下面介绍几个入门后提高 MATLAB 使用水平的建议:

(1) 要了解 MATLAB 常用的操作技巧和常用的知识点,基本上是每个项目中都会用到的基本的技巧。

(2) 要了解 MATLAB 的开发模式,这样无论项目多复杂,都能灵活应对。

(3) 基于项目学习,积累经验和知识。

掌握以上三点,就可以逐步变成 MATLAB 高手了,至少可以很自信地使用 MATLAB。

0.2　MATLAB 常用操作

MATLAB 常用的操作,除了一些菜单、按钮,还有一些标点和操作指令。菜单和按钮都有明显的提示,下面主要介绍常用的标点符号的用法以及常用的操作指令。

0.2.1　常用标点的功能

标点符号在 MATLAB 中的地位极其重要,为确保指令正确执行,标点符号一定要在英文状态下输入。常用标点符号的功能如下。

逗号(,),用作要显示计算结果的指令与其后面的指令之间的分隔;用作相邻输入量之间的分隔;用作数组元素的分隔。

分号(;),用作不显示计算结果指令的结尾标志;用作不显示计算结果的指令与其后面的指令之间的分隔;用作数组的行间分隔符号。

冒号(:),用以生成一维数值数组;用作单下标援引时,表示全部元素构成的长列;用作多下标援引时,表示对应维度上的全部。

注释号(%),由它起头的所有物理行被看作非执行的注释。

单引号(' '),字符串记述符。

圆括号((　)),在数组援引时;函数指令输入宗量列表时用。

方括号([　]),输入数组时用;函数指令输出宗量列表时用。

花括号({　}),元胞数组记述符。

续行号(…),由三个以上连续黑点构成。它把其下的物理行看作该行的逻辑继续,以构成一个较长的完整指令。

0.2.2　常用操作指令

在 MATLAB 指令窗口中,常见的通用操作指令主要有以下几种。

clc,清除指令窗口中显示的内容。

clear,清除 MATLAB 工作空间中保存的变量。

close all,关闭所有打开的图形窗口。

clf,清除图形窗口中的内容。

edit,打开 m 文件编辑器。

disp,显示变量的内容。

0.2.3　指令编辑操作键

↑,前寻调回已输入过的指定行。

↓,后寻调回已输入过的指定行。

Tab,补全命令。

0.3　MATLAB 脚本类型

脚本是 MATLAB 命令的载体,在 MATLAB 中脚本主要有 m 脚本、实时脚本、函数脚本三种类型。

0.3.1　m 脚本

脚本是最简单的程序文件类型,没有输入或输出参数,可用于自动执行一系列 MATLAB 命令,而且便于修改、保存,是 MATLAB 程序的主要载体形式。

可以通过以下方式创建新脚本:

(1) 单击【主页】选项卡上的【新建脚本】按钮。

(2) 高亮显示【命令历史记录】中的命令,右击,然后单击【创建脚本】。

(3) 使用 edit 函数。例如,edit new_file_name 创建(如果不存在相应文件)并打开 new_file_name 文件。如果 new_file_name 未指定,MATLAB 将打开一个名称为 Untitled 的新文件。

创建脚本后,可以向其中添加代码并保存代码。例如,将生成从 0 到 100 的随机数的代码保存为名称为 numGenerator.m 的脚本。

```
columns = 10000;
rows = 1;
bins = columns/100;
rng(now);
list = 100 * rand(rows,columns);
histogram(list,bins)
```

保存脚本并使用以下方法之一运行代码:

(1) 在命令行上输入脚本名称并按 Enter 键。例如,要运行 numGenerator.m 脚本,可以输入 numGenerator。

(2) 单击【编辑器】选项卡上的【运行】按钮。

还可以从第二个程序文件运行代码,为此,需要向第二个程序文件中添加一行含脚本名称的代码。例如,要从第二个程序文件运行 numGenerator.m 脚本,可以将 numGenerator;

行添加到该文件中,MATLAB会在运行第二个文件时运行 numGenerator. m 中的代码。

　　脚本执行完毕后,这些变量会保留在 MATLAB 工作区中。在 numGenerator. m 示例中,变量 columns、rows、bins 和 list 仍位于工作区中。要查看变量列表,可以在命令提示符下输入 whos。脚本与交互式 MATLAB 会话和其他脚本共享基础工作区。

　　编写代码时,最好添加描述代码的注释。注释有助于读者理解代码,并且有助于在稍后返回代码时再度记起。在程序开发和测试期间,还可以使用注释来注释掉任何不需要运行的代码。

　　要向 MATLAB 代码中添加注释,可以使用百分比符号(%)。注释行可以显示在程序文件中的任何位置,也可以在代码行末尾附加注释。例如:

```
% Add up all the vector elements.
y = sum(x)                    % Use the sum function.
```

　　要注释掉多个代码行,可以使用块注释运算符%{和%}。%{和%}运算符必须单独显示在帮助文本块前后紧邻的行上。不要在这些行中包括任何其他文本。例如:

```
a = magic(3);
%{
sum(a)
diag(a)
sum(diag(a))
%}
sum(diag(fliplr(a)))
```

　　要注释掉所选代码行,可以转到【编辑器】选项卡,然后按 % 按钮,也可以按组合键Ctrl+R。要取消注释所选代码行,可以单击 按钮或按组合键 Ctrl+T。
　　要注释掉跨多行的部分语句,可以使用省略号(…)代替百分比符号。例如:

```
header = ['Last Name, ', …
         'First Name, ', …
     … 'Middle Initial, ', …
         'Title']
```

　　默认情况下,在编辑器中输入注释时,文本在列宽度达到 75 时换行。要更改注释文本换行位置所在的列或者要禁用自动注释换行,可以转到【主页】选项卡,单击【环境】部分的【预设】,依次单击【MATLAB】|【编辑器/调试器】|【语言】,然后调整右边的各个预设项。
　　编辑器不会对以下注释换行:
　　(1) 代码节标题(以%开头的注释);
　　(2) 长的连续文本,例如 URL;
　　(3) 前一行含项目符号列表项(以 * 或 # 开头的文本)。

0.3.2 实时脚本

实时脚本是在一个称为实时编辑器的交互式环境中同时包含代码、输出和格式化文本的程序文件。在实时脚本中,可以编写代码并查看生成的输出、图形以及相应的源代码,添加格式化文本、图像、超链接和方程,以创建可与其他人共享的交互式记叙脚本。

1. 创建实时脚本

要在实时编辑器中创建实时脚本,可以转到【主页】选项卡并单击【新建实时脚本】;也可以在命令行窗口中使用 edit 函数。例如,输入命令 edit penny.mlx 以打开或创建文件 penny.mlx。为确保创建实时脚本,必须指定.mlx 扩展名。如果未指定扩展名,MATLAB 会默认文件的扩展名为.m,这种扩展名仅支持纯代码。

如果已有一个脚本,可以将其以实时脚本方式在实时编辑器中打开。以实时脚本方式打开脚本会创建一个文件副本,并保持原始文件不变。MATLAB 会将原始脚本中的发布标记转换为新实时脚本中的格式化内容。

要通过编辑器将现有脚本(XXX.m)以实时脚本(XXX.mlx)方式打开,可以右击【文档】选项卡,然后单击【以实时脚本方式打开 XXX.m】。还可以转至【编辑器】选项卡,单击【保存】|【另存为】,然后将保存类型设置为"MATLAB 实时代码文件(.mlx)",最后单击【保存】。

注意:必须使用所述的转换方法之一将脚本转换为实时脚本,仅使用.mlx 扩展名重命名该脚本行不通,并可能损坏文件。

2. 添加代码

创建实时脚本后,可以添加并运行代码。例如,添加以下代码,绘制随机数据向量图,并在绘图中的均值处绘制一条水平线。

```
n = 50;
r = rand(n,1);
plot(r)

m = mean(r);
hold on
plot([0,n],[m,m])
hold off
title('Mean of Random Uniform Data')
```

默认情况下,在实时编辑器中输入代码时,MATLAB 会自动补全块结尾、括号和引号。例如,输入 if,然后按 Enter 键,MATLAB 会自动添加 end 语句。

当拆分为两行时，MATLAB 还会自动补全注释、字符向量和字符串。要退出自动补全，可以按组合键 Ctrl＋Z 或 ↩ 按钮。默认情况下会启用自动补全。要禁用它们，转到【主页】选项卡，单击【环境】部分的【预设】，依次单击【MATLAB】|【编辑器/调试器】|【自动编码】，然后调整右边的各个预设项。

添加或编辑代码时，可以选择和编辑一个矩形区域的代码（也称为列选择或块编辑）。如果要复制或删除多列数据（而不是若干行），或者要一次性编辑多行，该功能非常有用。要选择一个矩形区域，可按 Alt 键。例如，选择 A 中的第二列数据，按 0 可将所有选定的值设置为 0，如图 0-11 所示。

```
A=[  10  20   30   40   50 ; …
     60  70   80   90  100 ; …
    110 120  130  140  150 ];
```

⇩

```
A=[  10 0   30   40   50 ; …
     60 0   80   90  100 ; …
    110 0  130  140  150 ];
```

图 0-11　实时脚本中矩形区域列编辑功能示意图

3．运行代码

要运行代码，可以单击代码左侧的斜纹竖条，也可以转到【实时编辑器】选项卡并单击【运行】。当程序正在运行时，系统会在编辑器窗口左上方显示一个状态指示符 ◯。代码行左侧的灰色闪烁条指示 MATLAB 正在计算的行。要导航至 MATLAB 正在计算的行，可以单击状态指示符。如果在 MATLAB 运行程序时出错，状态指示符会变为错误图标 ❗。要导航至相应错误，可以单击该图标。

不需要保存实时脚本即可运行它。当确实要保存实时脚本时，MATLAB 会自动使用 .mlx 扩展名保存它。例如，转到【实时编辑器】选项卡，单击【保存】，然后输入名称，MATLAB 会将实时脚本另存为相应的 .mlx 文件。

4．显示输出

默认情况下，MATLAB 会在代码右侧显示输出，每个输出都会和创建它的代码行并排显示，就像在命令行窗口中一样，如图 0-12 所示。可以向左或向右拖动代码和输出之间的调整大小栏，以更改输出显示面板的大小。要清除全部输出，可以右击脚本中的任意位置，然后单击弹出的快捷菜单中的【清除所有输出】，或者转到【视图】选项卡，单击【输出】部分的【清除所有输出】按钮。

滚动时，MATLAB 会将输出与用于生成输出的代码对齐，要禁用输出与代码对齐模

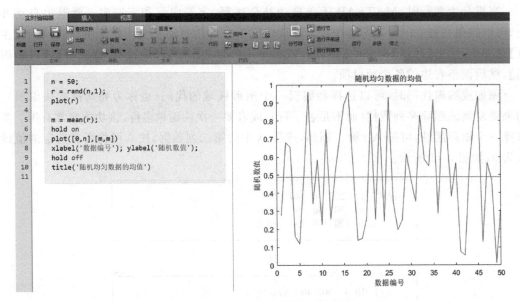

图 0-12　实时脚本右侧显示效果图

式,可以右击输出部分,然后单击弹出的快捷菜单中的【禁用同步滚动】命令。

　　要使输出内嵌在代码中,可以单击实时脚本右侧的 (内嵌输出图标),也可以转到【视图】选项卡,然后单击【布局】部分的【内嵌输出】按钮,内嵌输出结果很像一般的报告(如图 0-13 所示),如果要生成或者导出报告,一般选择内嵌输出,但开发的时候,右侧输出更方便些。

　　5.设置文本格式

　　可以将格式化文本、超链接、图像和方程添加到实时脚本中,以创建可与其他人共享的演示文档。例如,将标题和某些介绍性文本添加到 plotRand. mlx:将光标放在实时脚本的顶部,然后在【实时编辑器】选项卡中单击【文本】按钮,一个新的文本行将显示在代码上方。另外,单击工具条上方的方程、超链接、图像等按钮可以插入相应的对象。添加这些丰富的对象,不仅更容易读懂代码,还可以直接生成或导出报告,这也是实时脚本的主要优势。

　　要在实时编辑器中调整显示的字体大小,可以使用 Ctrl+鼠标滚轮的方式。将实时脚本导出为 PDF、HTML 或 LaTeX 文件时,显示字体大小的变化不会保留。

0.3.3　函数脚本

　　函数脚本(简称函数)是一种特殊的脚本,主要用于承载函数。脚本和函数都允许将命令序列存储在程序文件中来重用它们。脚本是最简单的程序类型,它们存储命令的方式与在命令行中输入命令完全相同。但是,函数更灵活,更容易扩展。

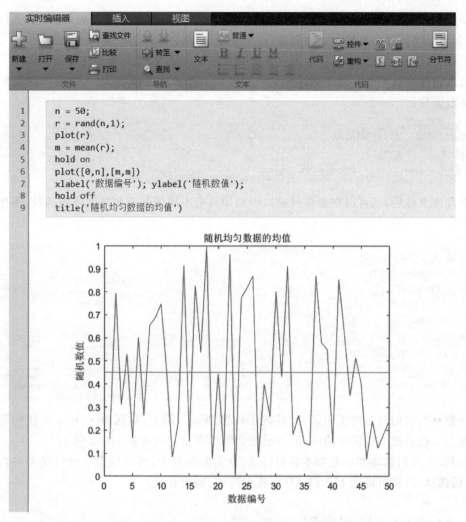

图 0-13 实时脚本内嵌显示效果图

在名称为 triarea.m 的文件中创建一个脚本以计算三角形的面积:

```
b = 5;
h = 3;
a = 0.5 * (b. * h)
```

保存文件后,可以从命令行窗口中调用该脚本:

```
>> triarea
a =
    7.5000
```

要使用同一脚本计算另一三角形区域,可以更新 b 和 h 在脚本中的值,每次运行脚本时,都会将结果存储在名称为 a 的变量(位于基础工作区中)中。

但是,可以通过将脚本转换为函数来提升程序的灵活性,无须每次手动更新脚本。用函数声明语句替换向 b 和 h 赋值的语句。声明包括 function 关键字、输入和输出参数的名称以及函数名称:

```
function a = triarea(b,h)
a = 0.5 * (b. * h);
end
```

保存该文件后,就可以在命令行窗口中调用具有不同的基值和高度值的函数,不用修改脚本:

```
>> a1 = triarea(1,5)
a2 = triarea(2,10)
a3 = triarea(3,6)
a1 =
    2.5000
a2 =
    10
a3 =
    9
```

函数具有它们自己的工作区,与基础工作区隔开。因此,对函数 triarea 的任何调用都不会覆盖 a 在基础工作区中的值,但该函数会将结果指定给变量 a1、a2 和 a3。

m 脚本、实时脚本和函数脚本各有特点,在实际编程中,可以根据实际情况和各自的优点,灵活选择,这样可以让 MATLAB 编程更高效,也更有趣。

0.4 MATLAB 数据类型

MATLAB 包含丰富的数据类型,常用的数据类型如图 0-14 所示。其中的逻辑、字符、数值、结构体,跟常用的编程语言相似,但元胞数组和表类型的数据是 MATLAB 中比较有特色的数据类型,可以重点关注。

元胞数组是 MATLAB 中一种特殊的数据类型,可以将元胞数组看作一种无所不包的通用矩阵,或者叫作广义矩阵。组成元胞数组的元素可以是任何一种数据类型的常数或者常量,每个元素也可以具有不同的尺寸和内存占用空间,每个元素的内容也可以完全不同,元胞数组的元素叫作元胞(cell),和一般的数值矩阵一样,元胞数组的内存空间也是动态分配的。

表是从 MATLAB 2014a 版本开始出现的数据类型,在支持数据类型方面与元胞数组相似,能够包含所有的数据类型。表在展示数据及操作数据方面更具有优势,表相当于一个

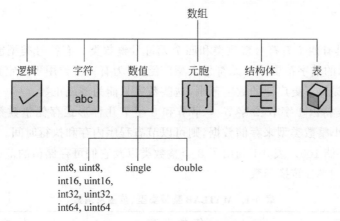

图 0-14　MATLAB 常用的数据类型

小型数据库。在展示数据方面,表就像是 Excel 表格,而在数据操作方面,表类型的数据支持常见的数据库操作,比如插入、查询、修改数据。

比较直观地认识这两种数据类型的方式就是做"实验",在导入数据引擎中选择"元胞数组"或"表",然后查看两种方式导入的结果,如图 0-15 所示。

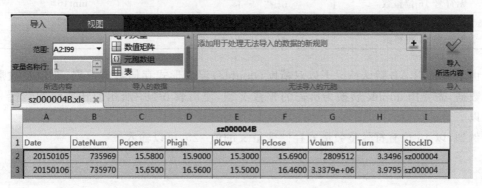

图 0-15　选择"元胞数组"后显示的导入结果

0.4.1　数值类型

MATLAB 中的数值类型包括有符号整数和无符号整数、单精度和双精度浮点数。默认情况下,MATLAB 以双精度浮点形式存储所有数值,不能更改默认类型和精度,但可以选择以整数或单精度形式存储任何数值或数值数组。与双精度数组相比,以整数和单精度数组形式存储数据更省内存。所有数值类型都支持基本的数组运算,例如常见的数学运算、重构等。

1. 整数

MATLAB 具有四个有符号整数类和四个无符号整数类。有符号类型能够处理负整数以及正整数,表示的数字范围不如无符号类型广泛,因为有一个位用于指定数字的正号或负号。无符号类型提供了更广泛的数字范围,这些数字只能为零或正数。

MATLAB 支持以 1 字节、2 字节、4 字节和 8 字节几种形式存储整数数据。如果使用可容纳数据的最小整数类型来存储数据,则可以节省程序内存和执行时间。例如,不需要使用 32 位整数来存储 100。表 0-1 列出了 8 个整数类以及它们可存储值的范围和创建该数值类型所需的 MATLAB 转换函数。

表 0-1　MATLAB 整数类型、范围及函数

类	值 的 范 围	转 换 函 数
有符号 8 位整数	$-2^7 \sim 2^7-1$	int8
有符号 16 位整数	$-2^{15} \sim 2^{15}-1$	int16
有符号 32 位整数	$-2^{31} \sim 2^{31}-1$	int32
有符号 64 位整数	$-2^{63} \sim 2^{63}-1$	int64
无符号 8 位整数	$0 \sim 2^8-1$	uint8
无符号 16 位整数	$0 \sim 2^{16}-1$	uint16
无符号 32 位整数	$0 \sim 2^{32}-1$	uint32
无符号 64 位整数	$0 \sim 2^{64}-1$	uint64

由于 MATLAB 默认情况下以双精度(double)浮点形式存储数值数据,要以整数形式存储数据,需要用 double 转换为所需的整数类型,使用表 0-1 中所示的转换函数转换一下就可以了。

例如,以 16 位有符号整数形式存储变量 x 的值 325,可以输入:

```
x = int16(325);
```

如果要转换为整数的数值带有小数部分,MATLAB 将舍入到最接近的整数。如果小数部分正好是 0.5,则 MATLAB 会从两个同样临近的整数中选择绝对值更大的整数:

```
x = 325.499;
int16(x)
ans =
    int16
    325
x = x + .001;
int16(x)
ans =
    int16
    326
```

如果需要使用非默认舍入方案对数值进行舍入，MATLAB 提供了以下四种舍入函数：round(四舍五入)、fix(朝零四舍五入)、floor(向下取整)和 ceil(向上取整)。fix 函数能够覆盖默认的舍入方案，并朝零舍入(如果存在非零的小数部分)：

```
x = 325.9;
int16(fix(x))
ans =
  int16
  325
```

同时涉及整数和浮点数的算术运算始终生成整数数据类型，MATLAB 会在必要时根据默认的舍入算法对结果进行舍入。以下示例生成 1426.75 的确切答案，然后 MATLAB 将该数值舍入到下一个最高的整数：

```
int16(325) * 4.39
ans =
  int16
  1427
```

在将其他类(例如字符串)转换为整数时，这些整数转换函数也很有用：

```
str = 'Hello World';
int8(str)
ans =
  1×11 int8 row vector
    72  101  108  108  111  32  87  111  114  108  100
```

如果将 NaN 值转换为整数类，则结果为整数类中的 0 值。例如：

```
int32(NaN)
ans =
  int32
  0
```

2. 浮点数

MATLAB 以双精度(double)或单精度(single)格式表示浮点数。默认为双精度，但可以通过一个简单的转换函数将任何数值转换为单精度数值。由于 MATLAB 使用 32 位来存储 single 类型的数值，因此与使用 64 位的 double 类型的数值相比，前者需要的内存更少。但是，由于它们是使用较少的位存储的，因此 single 类型的数值所呈现的精度要低于 double 类型的数值。

一般使用双精度来存储大于 3.4×1038 或小于 -3.4×1038 的值。对于位于这两个范围之间的数值,可以使用双精度,也可以使用单精度,但单精度需要的内存更少。

由于 MATLAB 的默认数值类型为 double,因此可以通过一个简单的赋值语句来创建 double 值:

```
x = 25.783;
whos x
  Name    Size      Bytes Class
  x       1×1         8 double
```

whos 函数显示在 x 中存储的值,创建了一个 double 类型的 1×1 数组。

如果只想验证 x 是否为浮点数,可以使用 isfloat。如果输入为浮点数,此函数将返回逻辑值 1(true),否则返回逻辑值 0(false):

```
isfloat(x)
ans =
  logical
   1
```

可以使用 double 函数将其他数值数据、字符或字符串以及逻辑数据转换为双精度值。以下示例将有符号整数转换为双精度浮点数:

```
y = int64( - 589324077574);        % Create a 64 - bit integer
x = double(y)                       % Convert to double
x =
  - 5.8932e + 11
```

由于 MATLAB 默认情况下以 double 形式存储数值数据,因此需要使用 single 转换函数来创建单精度数:

```
x = single(25.783);
xAttrib = whos('x');
xAttrib.bytes
ans =
     4
```

whos 函数在结构体中返回变量 x 的属性。此结构体的 bytes 字段显示,当以 single 形式存储 x 时,该变量仅需要 4 字节,而以 double 形式存储则需要 8 字节。

可以使用 single 函数将其他数值数据、字符或字符串以及逻辑数据转换为单精度值。以下示例将有符号整数转换为单精度浮点数:

```
y = int64( - 589324077574);        % Create a 64 - bit integer
x = single(y)                       % Convert to single
x =
```

```
    single
  − 5.8932e + 11
```

0.4.2　字符类型

字符数组和字符串数组用于存储 MATLAB 中的文本数据,具体含义如下:

(1)字符数组是一个字符序列,就像数值数组是一个数字序列一样。它的一个典型用途是将文本片段存储为字符向量,如 c = 'Hello World'。

(2)字符串数组是文本片段的容器,字符串数组提供一组将文本处理为数据的函数。从 R2017a 开始,可以使用双引号创建字符串,例如 str = "Greetings friend"。要将数据转换为字符串数组,可以使用 string 函数。

将字符序列括在单引号中可以创建一个字符数组:

```
chr = 'Hello, world'
chr =
    'Hello, world'
```

字符向量为 char 类型的 $1 \times n$ 数组。在计算机编程中,字符串是表示 $1 \times n$ 字符数组的常用术语。但是,从 R2016b 开始,MATLAB 同时提供 string 数据类型,因此 $1 \times n$ 字符数组在 MATLAB 文档中称为字符向量:

```
whos chr
  Name        Size         Bytes Class      Attributes
  chr         1 × 12        24 char
```

如果文本包含单个引号,可以在分配字符向量时放入两个引号:

```
newChr = 'You''re right'
newChr =
    'You're right'
uint16 % 函数将字符转换为其数值代码
chrNumeric = uint16(chr)
chrNumeric =
  1 × 12 uint16 row vector
    72   101   108   108   111   44   32   119   111   114   108   100
```

char 函数将整数向量重新转换为字符:

```
chrAlpha = char([72 101 108 108 111 44 32 119 111 114 108 100])
chrAlpha =
    'Hello, world'
```

字符数组是 $m \times n$ 字符数组,其中 m 并非始终为 1。可以将两个或更多个字符向量结合在一起以创建字符数组。这称为串联,它是针对串联矩阵部分中的数值数组进行解释的。与数值数组一样,也可以垂直或水平组合字符数组,以创建新的字符数组。但是,建议将字符向量存储在元胞数组中,而不使用 $m \times n$ 字符数组。元胞数组为弹性容器,可更轻松存储长度不同的字符向量。

要将字符向量合并到二维字符数组中,可以使用方括号或 char 函数。

若应用 MATLAB 串联运算符[],需使用分号分隔每一行,每一行都必须包含相同数量的字符。例如,合并长度相同的三个字符向量:

```
devTitle = ['Thomas R. Lee'; …
            'Sr. Developer'; …
            'SFTware Corp.']
devTitle =
  3×13 char array
    'Thomas R. Lee'
    'Sr. Developer'
    'SFTware Corp.'
```

如果字符向量的长度不同,可以根据需要用空格字符填充。例如:

```
mgrTitle = ['Harold A. Jorgensen        '; …
            'Assistant Project Manager'; …
            'SFTware Corp.             ']
mgrTitle =
  3×25 char array
    'Harold A. Jorgensen      '
    'Assistant Project Manager'
    'SFTware Corp.            '
```

如果调用 char 函数,如果字符向量的长度不同,char 将用尾随空格填充较短的向量,以使每一行具有相同数量的字符:

```
mgrTitle = char('Harold A. Jorgensen', …
    'Assistant Project Manager', 'SFTware Corp.')
mgrTitle =
  3×25 char array
    'Harold A. Jorgensen '
    'Assistant Project Manager'
    'SFTware Corp. '
```

要将字符向量合并到一个行向量中,可以使用方括号或 strcat 函数。

如果应用 MATLAB 串联运算符[],可用逗号或空格分隔输入字符向量。此方法可保留输入数组中的任何尾随空格:

```
name = 'Thomas R. Lee';
title = 'Sr. Developer';
company = 'SFTware Corp.';
fullName = [name ', 'title ', 'company]
```

MATLAB 返回：

```
fullName =
    'Thomas R. Lee, Sr. Developer, SFTware Corp.'
```

如果调用串联函数 strcat,此方法可删除输入中的尾随空格。例如,组合字符向量以创建一个假设的电子邮件地址：

```
name = 'myname        ';
domain = 'mydomain ';
ext = 'com '        ;
address = strcat(name, '@', domain, '.', ext)
MATLAB 返回
address =
    'myname@mydomain.com'
```

0.4.3 日期和时间

日期和时间数据类型 datetime、duration 和 calendarDuration 支持高效的日期和时间计算、比较以及格式化显示方式。这些数组的处理方式与数值数组的处理方式相同。可以对日期和时间值执行加法、减法、排序、比较、串联和绘图等操作。还可以将日期和时间以数值数组或文本形式表示。

下面用示例说明如何使用冒号（:）运算符生成 datetime 或 duration 值的序列,该方法与创建规律间隔数值向量的方法相同。

比如从 2013 年 11 月 1 日开始至 2013 年 11 月 5 日结束,创建日期时间值的序列,默认步长为一个日历天：

```
t1 = datetime(2013,11,1,8,0,0);
t2 = datetime(2013,11,5,8,0,0);
t = t1:t2
t = 1×5 datetime array
Columns 1 through 3
    01 − Nov − 2013 08:00:00    02 − Nov − 2013 08:00:00    03 − Nov − 2013 08:00:00
Columns 4 through 5
    04 − Nov − 2013 08:00:00    05 − Nov − 2013 08:00:00
```

也可以使用 caldays 函数指定步长为 2 个日历天：

```
t = t1:caldays(2):t2
t = 1 × 3 datetime array
   01 − Nov − 2013 08:00:00    03 − Nov − 2013 08:00:00    05 − Nov − 2013 08:00:00
```

也可以用天以外的其他单位指定步长,比如创建间隔为 18 小时的日期时间值序列：

```
t = t1:hours(18):t2
t = 1 × 6 datetime array
Columns 1 through 3
   01 − Nov − 2013 08:00:00    02 − Nov − 2013 02:00:00    02 − Nov − 2013 20:00:00
Columns 4 through 6
   03 − Nov − 2013 14:00:00    04 − Nov − 2013 08:00:00    05 − Nov − 2013 02:00:00
```

另外还可以使用 years、days、minutes 和 seconds 函数,以其他固定长度的日期和时间单位创建日期时间和持续时间的序列。比如,创建 0 到 3 分钟之间的 duration 值序列,增量为 30 秒：

```
d = 0:seconds(30):minutes(3)
d = 1 × 7 duration array
   0 sec    30 sec    60 sec    90 sec    120 sec    150 sec    180 sec
```

0.4.4 元胞数组

元胞数组是一种包含名为元胞的索引数据容器的数据类型,其中的每个元胞都可以包含任意类型的数据。元胞数组通常包含文本字符串列表、文本和数字的组合或不同大小的数值数组。通过将索引括在圆括号中可以引用元胞集。使用花括号进行索引来访问元胞的内容。

1. 创建元胞数组

可以使用{}运算符或 cell 函数创建元胞数组。例如：

```
myCell = {1, 2, 3;
          'text', rand(5,10,2), {11; 22; 33}}
myCell = 2 × 3 cell array
    {[     1]}      {[     2]}            {[     3]}
    {'text'}       {5 × 10 × 2 double}    {3 × 1 cell}
```

与所有 MATLAB 数组一样,元胞数组也是矩形的,每一行中具有相同的元胞数。myCell 是一个 2×3 元胞数组。

也可以使用{}运算符创建一个空的 0×0 元胞数组：

```
C = {}
C =
  0×0 empty cell array
```

要随时向元胞数组添加值，可以使用 cell 函数创建一个空的 N 维数组：

```
emptyCell = cell(3,4,2)
emptyCell = 3×4×2 cell array
emptyCell(:,:,1) =

    {0×0 double}    {0×0 double}    {0×0 double}    {0×0 double}
    {0×0 double}    {0×0 double}    {0×0 double}    {0×0 double}
    {0×0 double}    {0×0 double}    {0×0 double}    {0×0 double}
emptyCell(:,:,2) =
    {0×0 double}    {0×0 double}    {0×0 double}    {0×0 double}
    {0×0 double}    {0×0 double}    {0×0 double}    {0×0 double}
    {0×0 double}    {0×0 double}    {0×0 double}    {0×0 double}
```

emptyCell 是一个 3×4×2 的元胞数组，其中每个元胞包含一个空的数组[]。

2. 访问元胞数组中的数据

引用元胞数组的元素有两种方法。将索引括在圆括号中以引用元胞集，例如，用于定义一个数组子集。将索引括在花括号中以引用各个元胞中的文本、数字或其他数据。

下面将用示例来说明如何在元胞数组中读取和写入数据。先创建一个由文本和数值数据组成的 2×3 元胞数组：

```
C = {'one', 'two', 'three';
     1, 2, 3}
C = 2×3 cell array
    {'one'}    {'two'}    {'three'}
    {[  1]}    {[  2]}    {[  3]}
```

现在使用圆括号来引用元胞集，例如，要创建一个属于 C 的子集的 2×2 元胞数组：

```
upperLeft = C(1:2,1:2)
upperLeft = 2×2 cell array
    {'one'}    {'two'}
    {[ 1]}    {[ 2]}
```

也可以通过将元胞集替换为相同数量的元胞来更新这些元胞集，例如，将 C 的第一行中的元胞替换为大小相等(1×3)的元胞数组：

```
C(1,1:3) = {'first','second','third'}
C = 2×3 cell array
    {'first'}    {'second'}    {'third'}
    {[   1]}    {[   2]}    {[   3]}
```

如果数组中的元胞包含数值数据,可以使用 cell2mat 函数将这些元胞转换为数值数组:

```
NumericCells = C(2,1:3)
numericCells = 1×3 cell array
    {[1]}    {[2]}    {[3]}
numericVector = cell2mat(numericCells)
numericVector = 1×3
      1    2    3
```

numericCells 是一个 1×3 的元胞数组,但 numericVector 是一个 double 类型的 1×3 数组。

可以使用花括号来访问元胞的内容,即元胞中的数字、文本或其他数据。例如,要访问 C 的最后一个元胞的内容:

```
last = C{2,3}
last = 3
```

last 为一个 double 类型的数值变量,因为该元胞包含 double 值。

同样,也可以使用花括号进行索引来替换元胞的内容:

```
C{2,3} = 300
C = 2×3 cell array
    {'first'}    {'second'}    {'third'}
    {[   1]}    {[   2]}    {[   300]}
```

使用花括号进行索引来访问多个元胞的内容时,MATLAB 会以逗号分隔的列表形式返回这些元胞的内容。因为每个元胞可以包含不同类型的数据,所以无法将此列表分配给单个变量。但是,可以将此列表分配给与元胞数量相同的变量,MATLAB 将按列顺序赋给变量,比如将 C 的四个元胞的内容赋给四个变量:

```
[r1c1, r2c1, r1c2, r2c2] = C{1:2,1:2}
r1c1 =
'first'
r2c1 = 1
r1c2 =
'second'
r2c2 = 2
```

如果每个元胞都包含相同类型的数据,则可以将数组串联运算符[ ]应用于逗号分隔的列表来创建单个变量。比如,将第二行的内容串联到数值数组中:

```
nums = [C{2,:}]
nums = 1×3
    1    2    300
```

0.4.5 表格

表格(table)形式的数组,可以指定不同数据类型的列。表格由若干行变量和若干列变量组成,每个变量可以具有不同的数据类型和大小。表格最直观的理解就是一个包含不同数据类型的 Excel 表,也可以将表格看成是一个数据库,表格通常简称为表。

使用表可方便地存储混合类型的数据,通过数值索引或命名索引访问数据以及存储数据。所以在实际应用中,经常使用表数据类型,尤其当涉及多种形式的数据时。

创建表格通常用到表 0-2 中所列的函数。

表 0-2 表格相关函数

函　　数	作　　用
table	具有命名变量的表数组(变量可包含不同类型的数据)
array2table	将同构数组转换为表
cell2table	将元胞数组转换为表
struct2table	将结构体数组转换为表
table2array	将表转换为同构数组
table2cell	将表转换为元胞数组
table2struct	将表转换为结构体数组
table2timetable	将表转换为时间表
timetable2table	将时间表转换为表

比如,想在表中存储关于一组患者的数据,并可以执行计算和将结果存储在同一个表中。首先,创建包含患者数据的工作区变量,这些变量可以是任何数据类型,但必须具有相同的行数:

```
LastName = {'Sanchez';'Johnson';'Li';'Diaz';'Brown'};
Age = [38;43;38;40;49];
Smoker = logical([1;0;1;0;1]);
Height = [71;69;64;67;64];
Weight = [176;163;131;133;119];
BloodPressure = [124 93; 109 77; 125 83; 117 75; 122 80];
```

现在创建一个表 T 作为工作区变量的容器:

```
T = table(LastName,Age,Smoker,Height,Weight,BloodPressure)
T = 5×6 table
    LastName    Age    Smoker    Height    Weight    BloodPressure

    'Sanchez'   38     true      71        176       124    93
    'Johnson'   43     false     69        163       109    77
    'Li'        38     true      64        131       125    83
    'Diaz'      40     false     67        133       117    75
    'Brown'     49     true      64        119       122    80
```

一个表变量可以有多个列，例如 T 中的 BloodPressure 变量是一个 5×2 数组。

可以使用点索引来访问表变量。例如，使用 T.Height 中的值计算患者的平均身高：

```
meanHeight = mean(T.Height)
meanHeight = 67
```

如果要计算体重指数（BMI），并将其添加为新的表变量，可以使用圆点语法在一个步骤中添加和命名表变量：

```
T.BMI = (T.Weight * 0.453592)./(T.Height * 0.0254).^2
T = 5×7 table
    LastName    Age    Smoker    Height    Weight    BloodPressure    BMI

    'Sanchez'   38     true      71        176       124    93        24.547
    'Johnson'   43     false     69        163       109    77        24.071
    'Li'        38     true      64        131       125    83        22.486
    'Diaz'      40     false     67        133       117    75        20.831
    'Brown'     49     true      64        119       122    80        20.426
```

也可以添加对 BMI 计算的描述对表进行注释，通过 T.Properties 访问的元数据来对 T 及其变量进行注释：

```
T.Properties.Description = 'Patient data, including body mass index (BMI) calculated using Height and Weight';
T.Properties
ans = struct with fields:
        Description: 'Patient data, including body mass index (BMI) calculated using Height and Weight'
           UserData: []
     DimensionNames: {'Row' 'Variables'}
      VariableNames: {'LastName' 'Age' 'Smoker' 'Height' 'Weight' 'BloodPressure' 'BMI'}
VariableDescriptions: {}
```

```
        VariableUnits: {}
   VariableContinuity: []
            RowNames: {}
```

0.5 程序结构

0.5.1 标识命令

MATLAB 程序结构主要包括：条件语句和循环语句，常用命令如表 0-3 所示。

表 0-3 MATLAB 程序结构的常用命令

函 数	作 用
if，elseif，else	条件为 true 时执行语句
for	用来重复指定次数的 for 循环
parfor	并行 for 循环
switch，case，otherwise	执行多组语句中的一组
try，catch	执行语句并捕获产生的错误
while	条件为 true 时重复执行的 while 循环
break	终止执行 for 或 while 循环
continue	将控制权传递给 for 或 while 循环的下一迭代
end	终止代码块或指示最大数组索引
pause	暂时停止执行 MATLAB
return	将控制权返回给调用函数

0.5.2 条件语句

条件语句可用于在运行时选择要执行的代码块，最简单的条件语句为 if 语句，例如：

```
% Generate a random number
a = randi(100, 1);
% it is even, divide by 2
if rem(a, 2) == 0
   disp('a is even')
   b = a/2;
end
```

通过使用可选关键字 elseif 或 else，if 语句可以包含备用选项。例如：

```
a = randi(100, 1);
if a < 30
    disp('small')
elseif a < 80
    disp('medium')
else
    disp('large')
end
```

当希望针对一组已知值测试相等性时,可以使用 switch 语句,例如:

```
[dayNum, dayString] = weekday(date, 'long', 'en_US');
switch dayString
    case 'Monday'
        disp('Start of the work week')
    case 'Tuesday'
        disp('Day 2')
    case 'Wednesday'
        disp('Day 3')
    case 'Thursday'
        disp('Day 4')
    case 'Friday'
        disp('Last day of the work week')
    otherwise
        disp('Weekend!')
end
```

对于 if 和 switch,MATLAB 执行与第一个 true 条件相对应的代码,然后退出该代码块。每个条件语句都需要 end 关键字。

一般而言,如果具有多个可能的离散已知值,读取 switch 语句比读取 if 语句更容易。但是,无法测试 switch 和 case 值之间的不相等性。例如,无法使用 switch 实现以下类型的条件:

```
yourNumber = input('Enter a number: ');
if yourNumber < 0
    disp('Negative')
elseif yourNumber > 0
    disp('Positive')
else
    disp('Zero')
end
```

0.5.3　循环语句

通过循环控制语句,可以重复执行代码块。循环有两种类型。

(1) for 语句:循环特定次数,并通过递增的索引变量跟踪每次迭代。

例如,预分配一个 10 元素向量并计算五个值:

```
x = ones(1,10);
for n = 2:6
    x(n) = 2 * x(n - 1);
end
```

(2) while 语句:只要条件仍然为 true 就进行循环。

例如,计算使 factorial(n)成为 100 位数的第一个整数 n:

```
n = 1;
nFactorial = 1;
while nFactorial < 1e100
    = n + 1;
    nFactorial = nFactorial * n;
end
```

每个循环都需要 end 关键字标识循环结构的结束,另外最好对循环进行缩进处理以便于阅读,特别是使用嵌套循环时(也即一个循环包含另一个循环):

```
A = zeros(5,100);
for m = 1:5
    for n = 1:100
        A(m, n) = 1/(m + n - 1);
    end
end
```

可以使用 break 语句以编程方式退出循环,也可以使用 continue 语句跳到循环的下一次迭代。例如,计算 magic 函数中的行数(也即空行之前的所有注释行):

```
fid = fopen('magic.m','r');
count = 0;
while ~feof(fid)
    line = fgetl(fid);
    if isempty(line)
        break
    elseif ~strncmp(line,'%',1)
        continue
```

```
        end
        count = count + 1;
    end
    fprintf('%d lines in MAGIC help\n',count);
    fclose(fid);
```

0.6   MATLAB 开发模式

0.6.1   命令行模式

命令行模式即在命令行窗口区进行交互式的开发模式。命令行模式非常灵活,并且能够很快给出结果。所以命令行模式特别适合单个的小型科学计算问题的求解,比如解方程、拟合曲线等操作;也比较适合项目的探索分析、建模等工作,比如在入门案例中介绍的数据绘图、拟合、求最大回撤。命令行模式的缺点是不便于重复执行,也不便于自动执行科学计算任务。

0.6.2   脚本模式

脚本模式是 MATLAB 最常见的开发模式,MATLAB 入门之后,很多工作都是通过脚本模式进行的。入门案例中产生的脚本就是用脚本模式产生的开发结果。用该模式,可以很方便地进行代码的修改,同时可以继续更复杂的任务。脚本模式的优点是便于重复执行计算,并可以将整个计算过程保存在脚本中,可移植性比较高,同时也非常灵活。

0.6.3   面向对象模式

面向对象编程是一种正式的编程方法,它将数据和相关操作(方法)合并到逻辑结构(对象)中。该方法可提升管理软件复杂性的能力——在开发和维护大型应用数据结构时尤为重要。MATLAB 语言的面向对象编程功能能够以比其他语言(例如 C++、C♯和 Java)更快的速度开发复杂的技术运算应用程序。能够在 MATLAB 中定义类并应用面向对象的标准设计模式,可实现代码重用、继承、封装以及参考行为,无须费力执行其他语言所要求的低级整理工作。

MATLAB 面向对象开发模式更适合复杂一些的项目,更直接地说,就是能更有效地组织程序的功能模块,便于项目的管理、重复使用,同时使项目更简洁、更容易维护。

0.6.4   三种模式的配合

MATLAB 的三种开发模式并不是孤立的,而是相互配合,不断提升。在项目的初期,基本是以命令行的脚本模式为主,然后逐渐形成脚本,随着项目成熟度的不断提升,功能的不断扩充,这时就要逐渐使用面向对象的开发模式,逐渐将功能模块改写成函数的形式,加强程序的重复调用。当然,即便项目的成熟度已经很高,仍需要用命令行模式测试函数、测试输出等工作,同时新增的功能也是需要用脚本模式进行完善的。所以说三个模式的有效配合是项目代码不断精炼、不断提升的过程,三种模式的配合如图 0-16 所示。

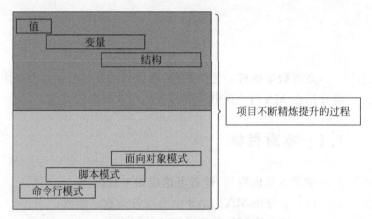

图 0-16　MATLAB 的编程模式

　　现在对在 0.1 节中介绍的入门案例进行扩展,假如现在有 10 只股票的数据,如何去选择一个投资价值大同时风险比较小的股票呢?

　　在 0.1 节中已经通过命令行模式和脚本模式创建了选择评价 1 只股票价值和风险的脚本,显然,如果将该脚本重复执行 10 次,再进行筛选也能完成任务,但是当股票数达到上千支后,就比较困难了,我们还是希望程序能够自动完成筛选过程。此时就可以采用面向对象的编程模型,将需要重复使用的脚本抽象成函数,这样就可以更容易地完成该项目。

0.7　小结

　　本章通过一个简单的例子带着读者把 MATLAB 当作工具去使用,实现了 MATLAB 的快速入门。这与传统的学编程有很大不同,这里倡导的一个理念是"在应用中学习"。同时,通过一个引例,介绍了 MATLAB 较实用也较常用的几个操作技巧,这样读者就能够灵活使用这几个技巧,解决各种科学计算问题。为了拓展 MATLAB 的知识面,本章还介绍了 MATLAB 中常用的知识点和操作技巧,如数据类型、常用的操作指令等。

第1章 函数与极限

高等数学的核心是微积分,微积分的基础是函数与极限的概念,本章将介绍在 MATLAB 中函数的表达与求极限的方法。

1.1 本章目标

学完本章内容后,读者可达成如下目标:

(1) 学会在 MATLAB 中书写各类数学函数;

(2) 学会绘制各类数学函数的图形;

(3) 掌握使用 MATLAB 求解反函数和复合函数的方法;

(4) 掌握使用 MATLAB 求解极限的方法。

1.2 相关命令

下面介绍 MATLAB 的相关命令。

(1) fplot:绘制函数图形。用法如下:

- fplot(f):在默认区间[−5,5](对于 x)绘制由函数 y = f(x)定义的曲线。

- fplot(f,xinterval):将在指定区间绘图。将区间指定为[xmin xmax]形式的二元素向量。

- fplot(funx,funy):在默认区间[−5,5](对于 t)绘制由 x = funx(t)和 y = funy(t)定义的曲线。

- fplot(funx,funy,tinterval):将在指定区间绘图。将区间指定为[tmin tmax]形式的二元素向量。

- fplot(____,LineSpec):指定线型、标记符号和线条颜色。例如,'-r'绘制一根红色线条。在前面语法中的任何输入参数组合后使用此选项。

- fplot(____,Name,Value):使用一个或多个名称-值对组参数指定线条属性。例如,"'LineWidth',2"是指定 2 磅的线宽。

- fplot(ax,＿＿＿)：将图形绘制到 ax 指定的坐标区中,而不是当前坐标区(gca)中。指定坐标区作为第一个输入参数。
- fp ＝ fplot(＿＿＿)：返回 FunctionLine 对象或 ParameterizedFunctionLine 对象,具体情况取决于输入。使用 fp 查询和修改特定线条的属性。

注意：在 MATLAB 早期版本中,ezplot 相当于 fplot 的功能,现在已经不推荐使用该函数了。

（2）plot：绘制二维图形。用法如下：
- plot(x,y)：绘制 y 关于 x 的显函数的图形,这里的 x、y 可以为向量、矩阵。
- plot(X,Y,LineSpec)：设置线型、标记符号和线条颜色。
- plot(X1,Y1,…,Xn,Yn)：绘制多个 X、Y 对组的图,所有线条都使用相同的坐标区。
- plot(X1,Y1,LineSpec1,…,Xn,Yn,LineSpecn)：为前两者的综合情况,分别设置不同对组的线型、标记符号和线条颜色。

（3）xlabel：为图形添加 x 轴说明。
（4）ylabel：为图形添加 y 轴说明。
（5）title：为图形添加标题。
（6）legend：为图形添加图例。

1.3　函数

函数表述的是变量与变量之间的映射关系,在高等数学中,可以使用一个解析式表达变量之间的函数,在 MATLAB 中,函数的表达与解析式基本一致,但由于计算机中的表达方式不同于书面的表达,所以还是有一定的差异性。在理解函数概念的基础上,再尝试在 MATLAB 中表达函数,更有助于读者理解函数关系。在此基础上,还可以探索用计算机求函数值、绘制函数图像、函数的变换等操作。

1.3.1　函数的 MATLAB 表达

1. 函数表达式的 MATLAB 书写方式

与其他编程语言相比,MATLAB 代码更加接近于数学表达式的书写格式,但即使这样,它们之间还是有区别的。函数表达式主要由数字、数学运算符、常量、变量、基本初等函数、基本数学函数等部分组成。其中,数学运算符、一些特殊常量、基本初等函数和一些基本数学函数的 MATLAB 书写方式与一般书写方式是有区别的,具体写法如表 1-1～表 1-4 所示。

表 1-1 数学运算符

一般书写方式	MATLAB 书写方式	含　义
$a+b$	$a+b$	加法
$a-b$	$a-b$	减法
$a\times b$	$a*b$	乘法
$a\div b$	a/b	除法
$a=b$	$a=b$	等于
$a>b$	$a>b$	大于
$a\geqslant b$	$a>=b$	大于或等于
$a<b$	$a<b$	小于
$a\leqslant b$	$a<=b$	小于或等于

表 1-2 特殊常量

一般书写方式	MATLAB 书写方式	含　义
π	Pi	圆周率
∞	Inf	无穷大

表 1-3 基本初等函数

一般书写方式	MATLAB 书写方式	含　义
x^μ	x^u	幂函数
$\sqrt{x}$	sqrt(x)	平方根
a^x	a^x	指数函数
e^x	exp(x)	以 e 为底的指数
$\ln x$	log(x)	以 e 为底的对数
$\lg x$	log10(x)	以 10 为底的对数
	log2(x)	以 2 为底的对数
$\log_a x$	log(x)/log(a)	对数函数
$\sin x,\cos x,\tan x$	sin(x),cos(x),tan(x)	三角函数：正弦、余弦、正切
$\arcsin x,\arccos x,\arctan x$	asin(x),acos(x),atan(x)	反三角函数：反正弦、反余弦、反正切
$\mathrm{sh}\,x,\mathrm{ch}\,x,\mathrm{th}\,x$	sinh(x),cosh(x),tanh(x)	双曲函数：双曲正弦、双曲余弦、双曲正切
$\mathrm{arsh}\,x,\mathrm{arch}\,x,\mathrm{arth}\,x$	asinh(x),acosh(x),atanh(x)	反双曲函数：反双曲正弦、反双曲余弦、反双曲正切

表 1-4 基本数学函数

一般书写方式	MATLAB 书写方式	含　义
$\lvert x\rvert$	abs(x)	绝对值函数
$\mathrm{sgn}x$	sign(x)	符号函数
$[x]$	floor(x)	取整函数：向下取整
	ceil(x)	取整函数：向上取整
	fix(x)	取整函数：向 0 取整
	round(x)	取整函数：四舍五入取整

例 1-1　使用 MATLAB 代码来书写 $y = \dfrac{1}{\sqrt{4-x^2}} + \arcsin(x-3)$。

解：

```
syms x
y = 1/sqrt(4 - x^2) + asin(x - 3)
```

运行结果如下：

$$y = \operatorname{asin}(x-3) + \frac{1}{\sqrt{4-x^2}}$$

2. 定义变量和常量

在 MATLAB 中输入例 1-1 中的代码时，会出现提示"未定义函数或变量 'x'"，原因是没有定义该函数中的自变量 x。在 MATLAB 中，通常有以下几种定义函数自变量和因变量的方法。

1）将函数变量定义为 MATLAB 中的符号变量

在 MATLAB 中，符号变量是用于符号运算的变量。符号变量和数值变量的主要区别之一，是在参与运算时，符号变量可以在没有提前赋值的情况下合法地出现在表达式中，而数值变量在参与运算时，必须提前赋值。

定义符号变量的命令是 sym 和 syms。

（1）sym 用来建立单个符号变量，一般调用格式为：

```
符号变量名 = sym('符号字符串')
```

（2）syms 一次可以定义多个符号变量，一般调用格式为：

```
syms 符号变量名 1　符号变量名 2　…　符号变量名 n
```

将函数自变量定义为符号变量后，由于因变量等于一个自变量的数学表达式，所以在 MATALB 中输入函数表达式后，因变量将被自动定义为一个符号变量。

2）使用 function 命令

在 MATLAB 中，function 是定义函数的命令，function 的调用格式为：

```
function [y1,…,yN] = myfun(x1,…,xM)
```

其中，myfun 为函数名；x1,…,xM 是输入变量，即数学函数中的自变量；y1,…,yN 是输出变量，即数学函数中的因变量。一般情况下，一个函数放在一个 M 文件中。

3）使用匿名函数

匿名函数是 MATLAB 7.0 版提出的一种全新的函数描述形式，可以让用户编写简单的函数而不需要创建 M 文件。

定义匿名函数的语法是：

```
fhandle = @(arglist) expression
```

其中,fhandle 是调用该函数的函数句柄,相当于函数的因变量；arglist 是参数列表,相当于函数的自变量,多个参数使用逗号分隔；expression 是该函数的数学表达式。

例 1-2 分别使用以上三种方法在 MATLAB 中输入函数 $f(x) = \sqrt{1 + x^2}$。

解：

第一种方法：

```
syms x
fx = sqrt(1 + x^2)
```

第二种方法：

```
function y = func(x)
    y = sqrt(1 + x^2)
end
```

第三种方法：

```
fx = @(x)  sqrt(1 + x^2)
```

有些函数中含有用户自定义的常量,比如函数 $f(x) = ax + b$,其中 a、b 为常量。在 MATLAB 中输入这类函数时,也需要先将常量定义为 MATLAB 中的符号变量,否则 MATLAB 会报错。

例 1-3 分别使用以上三种方法在 MATLAB 中输入函数 $f(x) = \dfrac{a^x + a^{-x}}{2}$。

解：

第一种方法：

```
syms a x
fx = (a^x + a^ - x)/2
```

第二种方法：

```
function y = func(x)
    syms a
    y = (a^x + a^ - x)/2
end
```

第三种方法：

```
syms a
fx = @(x)   (a^x + a^ − x)/2
```

以上这些方法都能用来表示函数,但是它们的数据类型是不同的,功能也是有区别的,用户可以根据需要选择不同的方法。

3. 分段函数

在 MATLAB 中,分段函数的表示方法主要有以下几种。
(1) 使用 if 语句和 M 文件。
将函数写到一个 M 文件中,使用 if 语句定义不同的条件。
(2) 使用逻辑表达式和 M 文件。
将函数写到一个 M 文件中,使用逻辑表达式来表示不同的条件。
(3) 使用逻辑表达式和匿名函数。
使用匿名函数来书写该函数,用逻辑表达式来表示不同的条件。
(4) 使用命令 piecewise。
piecewise 用于定义特定条件下的表达式或函数,该命令的调用方式为:

```
piecewise(cond1,val1,cond2,val2,⋯)
```

例 1-4 分别使用以上四种方式在 MATLAB 中输入函数 $y = \begin{cases} |\sin x|, & |x| < \dfrac{\pi}{3} \\ \ln(x+4), & |x| \geqslant \dfrac{\pi}{3} \end{cases}$。

解:
第一种方法:

```
function y = piecewise_function1(x)
    if x < pi/3
            y = abs(sin(x));
    else
            y = log(x + 4);
    end
end
```

调用方式及运行结果如下:

```
>> y1 = piecewise_function1(pi)
y1 =
    1.9659
>> y2 = piecewise_function1(pi/6)
y2 =
    0.5000
```

注意：如果代码前面是>>符号,说明代码是在命令行模式执行的,否则是在脚本中执行的。

第二种方法：

```
function y = piecewise_function2(x)
    y = abs(sin(x)). * (x < pi/3) + (log(x + 4)). * (x > = pi/3);
end
```

调用方式及运行结果如下：

```
>> y1 = piecewise_function2(pi)
y1 =
    1.9659
>> y2 = piecewise_function2(pi/6)
y2 =
    0.5000
```

第三种方法：

```
fx = @(x) abs(sin(x)). * (x < pi/3) + (log(x + 4)). * (x > = pi/3)
```

调用方式及运行结果如下：

```
>> y1 = fx(pi)
y1 =
    1.9659
>> y2 = fx(pi/6)
y2 =
    0.5000
```

第四种方法：

```
syms x
fx = piecewise(x < pi/3, abs(sin(x)), x > = pi/3, + log(x + 4))
```

调用方式及运行结果如下：

```
>> y1 = subs(fx, x, pi)
y1 =
log(pi + 4)
>> y2 = subs(fx, x, pi/6)
y2 =
1/2
```

1.3.2 求解函数值

1.3.1 中介绍了三种函数的表示方法,这些方法对应的数据类型是不同的,所以求解函数值的方法也不同。

1. 使用符号变量定义函数

MATLAB 中的 subs 是一个置换指令,它的功能是将符号表达式中的某些符号变量替换为指定的新的变量,常用的调用方式有:

(1) R = subs(S)

将表达式 S 中的所有变量用调用的函数或 MATLAB workspace 中获得的值进行置换。

(2) R = subs(S,new)

用 new 置换表达式 S 中的自变量。

(3) R = subs(S,old,new)

用 new 置换表达式中的 old。

可以使用 subs 来计算自变量取某个具体的数值时对应的函数值。

2. 使用 M 文件的函数

保存创建的函数,输入函数名和合适的数值,即可调用该函数,得到对应的函数值。

3. 使用匿名函数

匿名函数的使用方式比较简单,只要输入自变量的值,即可得到对应的函数值。

例 1-5 分别使用以上三种方法在 MATLAB 中输入函数 $f(x) = \sqrt{1+x^2}$,同时求出 $f(1)$、$f(2)$ 的值。

解:

第一种方法:

```
syms x
fx = sqrt(1 + x^2)
f1 = subs(fx,x,1)
f2 = subs(fx,x,2)
```

运行结果如下:

```
f1 =
    2^(1/2)
f2 =
    5^(1/2)
```

第二种方法:

```
function y = func(x)
    y = sqrt(1 + x^2)
end
f1 = func(1)
f2 = func(2)
```

运行结果如下:

```
f1 =
    1.4142
f2 =
    2.2361
```

第三种方法:

```
fx = @(x) sqrt(1 + x^2)
f1 = fx(1)
f2 = fx(2)
```

运行结果如下:

```
f1 =
    1.4142
f2 =
    2.2361
```

1.3.3 绘制函数图形

在日常的学习、工作中,经常会听到图形和图像两个词,那么对于函数的可视化表达,是函数图形还是函数图像?

图形是矢量图(Vector Drawn),它是根据几何特性来绘制的。图形的元素是一些点、直线、弧线等。矢量图常用于框架结构的图形处理,应用非常广泛,如计算机辅助设计(CAD)系统中常用矢量图来描述十分复杂的几何图形,适用于直线以及其他可以用角度、坐标和距离来表示的图。图形任意放大或者缩小后,清晰依旧。图像是位图(Bitmap),它所包含的信息是用像素来度量的。就像细胞是组成人体的最小单元一样,像素是组成一幅图像的最小单元。对图像的描述与分辨率和色彩的颜色种数有关,分辨率与色彩位数越高,占用存储空间就越大,图像越清晰。图形是人们根据客观事物制作生成的,它不是客观存在的;图像可以直接通过照相、扫描、摄像得到,也可以通过绘制得到。根据上面关于图形和图像的定义,就比较容易判断,函数的可视化结果称为函数图形更准确些。

接下来,回到本节的重点,如何绘制函数图形。前面介绍了三种书写函数的方法,其中使用符号变量定义函数自变量的方法比较通俗易懂,也比较常用,所以下面以这种方法来介绍函数图形的绘制。在绘制含有符号变量的函数图形时,使用 fplot 命令比较合适,具体的用法将通过几个例子介绍。

例 1-6 绘制绝对值函数 $y = |x|$ 的图形。

解:

```
syms x
y = abs(x);
fplot(y)
title('y = |x|')
xlabel('x');
ylabel('y');
```

运行结果如图 1-1 所示。

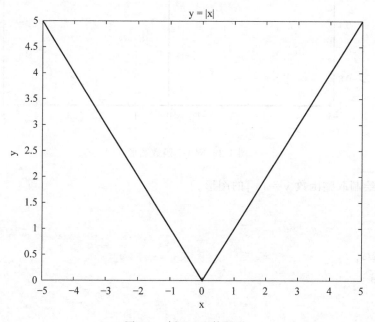

图 1-1 例 1-6 函数图形

例 1-7 绘制符号函数 $y = \mathrm{sgn}\, x$ 的图形。

解:

```
syms x
y = sign(x);
```

```
fplot(y)
title('y = sgn x')
xlabel('x')
ylabel('y')
```

运行结果如图 1-2 所示。

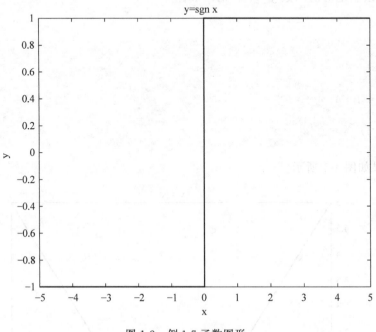

图 1-2   例 1-7 函数图形

例 1-8   绘制取整函数 $y = [x]$ 的图形。

解：

```
syms x
y = floor(x);
fplot(y)
title('y = [x]')
xlabel('x')
ylabel('y')
```

运行结果如图 1-3 所示。

绘制分段函数的图形时,需要使用 hold on 命令,在绘制完上一段曲线后,输入 hold on,随后绘制的图形将会添加到原来的图形中,并且自动调整坐标轴的范围。具体的代码见例 1-9。

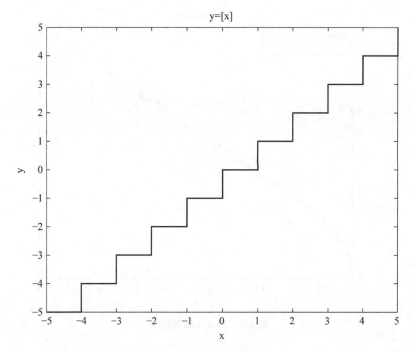

图 1-3　例 1-8 函数图形

例 1-9　绘制分段函数 $y = \begin{cases} 2\sqrt{x}, & 0 \leqslant x \leqslant 1 \\ 1+x, & x > 1 \end{cases}$ 的图形。

解：

```
syms xy
y1 = 2 * sqrt(x);
fplot(y1,[0,1], 'b','Linewidth',2)
hold on
y2 = 1 + x;
fplot(y2,[1,5], '--ok')
legend('y = 2 * sqrt(x)','y = 1 + x')
title('分段函数')
xlabel('x')
ylabel('y')
```

运行结果如图 1-4 所示。

也可以使用 plot 函数绘制函数图形，但 plot 中的变量需要是数组，不能只是一个数学符号，所以在实际运用中，需要先设定变量的取值，然后才可以绘制函数图形，这种方式更像是手工绘制函数图形，只是用计算机来实现。下面将通过几个例子介绍用 plot 绘制函数图形的情况。

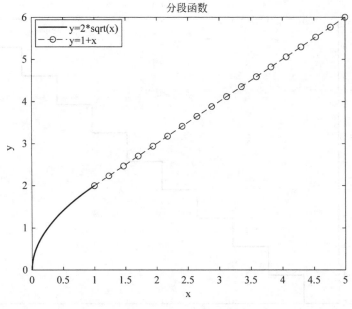

图 1-4 例 1-9 函数图形

例 1-10 绘制函数 $y = \dfrac{1}{\sqrt{2\pi}} e^{-\frac{x^2}{2}}$ 的图形。

解：

```
x = - 2:0.01:2;
y = (1/sqrt(2 * pi)) * exp( - x.^2/2);
plot(x,y)
title('y = 1/sqrt(2 * pi)) * exp( - x^2/2)')
```

运行结果如图 1-5 所示。

例 1-11 尝试绘制 $y = \tan x$ 的图形。

解：

```
x = - 2:0.001:2;
y = tan(x);
plot(x,y)
```

运行结果如图 1-6 所示。

得到的图形显然与实际的图形不符，通过尝试可以知道，在 tanx 趋于无穷的地方，函数图形会出问题，但如果使用 fplot 函数，就可以得到理想的图形：

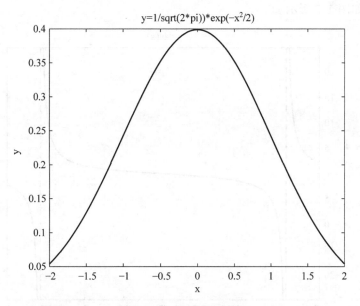

图 1-5 例 1-10 函数图形

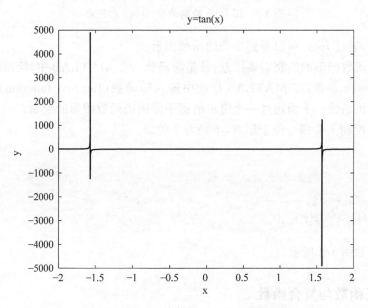

图 1-6 用 plot 绘制的 $y = \tan x$ 的图形

```
syms x
y1 = tan(x);
fplot(y1,[-2,2]);
```

运行结果如图 1-7 所示。

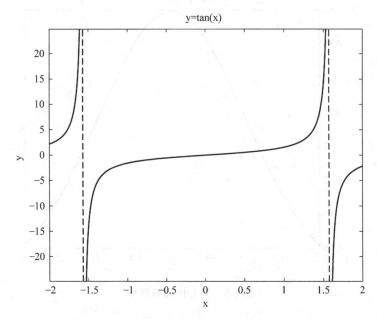

图 1-7　用 fplot 绘制的 $y = \tan x$ 的图形

容易看出,通过 fplot 可以得到准确的函数图形。

还有一类函数图形的绘制需要注意,就是隐函数。在 MATLAB 中,绘制隐函数的图形可以使用 fimplicit 函数,在 MATLAB 帮助中输入隐函数(Implicit function)的英文单词,可以很快查到该函数。下面通过一个简单的例子介绍隐函数图形的绘制。

例 1-12　绘制一个圆心位于原点,半径为 2 的圆。

解：

```
syms x y
fimplicit(x^2 + y^2 == 4)
xlabel('x'); ylabel('y');
```

运行结果如图 1-8 所示。

1.3.4　求反函数与复合函数

MATLAB 中的 finverse 可以用来求解函数的反函数。该命令的使用方法如下：

```
g = finverse(f)
```

其中,f 是一个符号函数表达式,其变量为 x。求得的反函数 g 是一个满足 g(f(x))＝x 的符号函数。

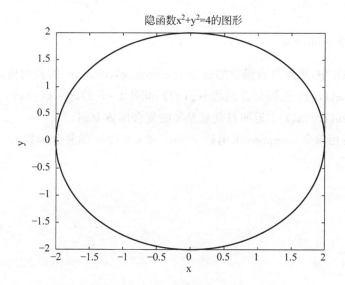

图 1-8 例 1-12 隐函数的图形

例 1-13 求 $y=x^3$ 的反函数。

解：

```
syms x
y = x^3;
y = finverse(y)
```

$y=x^{1/3}$

1.3.5 求复合函数

在 MATLAB 中，求解复合函数的方法有两种。

1. 直接使用运算符

例 1-14 使用运算符求函数 $y=u^2$ 和 $u=\sin x$ 的复合函数。

解：

```
syms x
u = sin(x);
y = u^2
```

$$y = \sin(x)^2$$

2. 使用命令 compose

在 MATLAB 中,求解复合函数的命令为 compose,compose 的调用格式有两种。

(1) compose(f,g):返回复合函数 f(g(y)),此处 f=f(x),g=g(y);

(2) compose(f,g,x,z):返回自变量是 z 的复合函数 f(g(z))。

例 1-15 使用命令 compose 求函数 $y = u^2$ 和 $u = \sin x$ 的复合函数。

解:

```
syms x
f = sin(x);
g = x^2;
compose(g,f)
```

$$\text{ans} = \sin(x)^2$$

1.4 极限

极限是微积分的基础概念,后面介绍的函数的连续性、导数、积分等重要概念,都是以极限为基础的。极限包括数列极限和函数极限,虽然两者的求解方法有所区别,但是在 MATLAB 中,都是使用命令 limit 来完成的。

1.4.1 数列的极限

在 MATLAB 中,求解数列极限的命令为:

```
limit(F,n,inf)
```

其中,F 是数列的表达式,n 是离散变量,inf 是无穷大。

例 1-16 求 $\lim\limits_{n \to \infty} \dfrac{3n+1}{2n+1}$ 的极限。

解:

```
syms n
limit((3*n+1)/(2*n+1),n,inf)
```

$$\text{ans} = \frac{3}{2}$$

例 1-17　求 $\lim\limits_{n\to\infty}\dfrac{\sqrt{n^2+a^2}}{n}$ 的极限。

解:

```
syms n a
limit(sqrt(n^2 + a^2)/n, n, inf)
```

ans＝1

1.4.2　函数的极限

求解函数极限的命令也是 limit,其调用方法有如下几种。

1. 双侧极限

limit(F,x,a),计算函数表达式 F 在 x→a 条件下的极限值,其中,x 为自变量,a 为具体的数值或无穷大。

例 1-18　求 $\lim\limits_{x\to2}\dfrac{x^3-1}{x^2-5x+3}$ 的极限。

解:

```
syms x
limit((x^3 - 1)/(x^2 - 5 * x + 3), x, 2)
```

ans＝$-\dfrac{7}{3}$

例 1-19　求 $\lim\limits_{x\to\infty}\dfrac{3x^3+4x^2+2}{7x^3+5x^2-3}$ 的极限。

解:

```
syms x
limit((3 * x^3 + 4 * x^2 + 2)/(7 * x^3 + 5 * x^2 - 3), x, inf)
```

ans＝$\dfrac{3}{7}$

2. 单侧极限

limit(F,x,a,'left'),计算函数表达式 F 在 x→a 条件下的左极限值。

limit(F,x,a,'right'),计算函数表达式 F 在 x→a 条件下的右极限值。

F、x、a 的含义和使用方法与上面一致。

例 1-20 求 $\lim\limits_{x \to 0^-} \dfrac{1}{x}$ 的极限。

解:

```
syms x
limit(1/x,x,0,'left')
```

ans＝$-\infty$

例 1-21 求 $\lim\limits_{x \to 0^+} \dfrac{1}{1+2^{-\frac{1}{x}}}$ 的极限。

解:

```
syms x
limit(1/(1+2^(-1/x)),x,0,'right')
```

ans＝1

1.5　工程实例：预测产品的销售量

问题：一种新的电子游戏程序刚推出时,短期内,销售量会迅速增加,到达一定的时间后,销售量会逐步下降。通过对历史数据的分析,得到时间与销售量的函数关系为 $s(t)=\dfrac{1000t}{2t^2+50}$($t$ 为月份)。请对该产品的长期销售量做出预测。

解: 该产品的长期销售量应为时间 $t \to \infty$ 时的销售量,即求解极限：

$$\lim\limits_{t \to \infty} s(t) = \lim\limits_{t \to \infty} \dfrac{1000t}{2t^2+50}$$

编写程序如下：

```
syms t
limit(1000 * t/(2 * t^2 + 50),t,inf)
```

运行结果如下：

```
ans =
    0
```

即当 $t \to \infty$ 时,产品的销售量为 0。这就是说,人们购买该游戏的数量会越来越少,所以商家要不断开发新的游戏程序。

1.6 动手实践

请用 MATLAB 实现下列问题。

1. 在 MATLAB 中输入函数 $f(x)=\arcsin(x^2-3)$，同时求出 $f(1)$、$f(2)$ 的值。

2. 在 MATLAB 中输入函数 $f(x)=\begin{cases}\sqrt{1-x^2}-x, & x<0 \\ \dfrac{1-x}{1+x}, & x\geqslant 0\end{cases}$，并绘制相应的图形。

3. 求下列函数的反函数：

(1) $y=\dfrac{2^x}{2^x+1}$；

(2) $y=\dfrac{ax+b}{cx+d}\,(ad-bc\neq 0)$。

4. 求由所给函数构成的复合函数，并求该函数分别对应于给定自变量值 x_1 和 x_2 的函数值：

(1) $y=\sin u, u=2x, x_1=\dfrac{\pi}{8}, x_2=\dfrac{\pi}{4}$；

(2) $y=e^u, u=x^2, x_1=0, x_2=1$。

5. 求下列数列的极限：

(1) $\lim\limits_{n\to\infty}\dfrac{(-1)^n}{(n+1)^2}$；

(2) $\lim\limits_{n\to\infty}\dfrac{(n+1)(n+2)(n+3)}{5n^3}$。

6. 求下列函数的极限：

(1) $\lim\limits_{x\to\sqrt{3}}\dfrac{x^2-3}{x^2+1}$；

(2) $\lim\limits_{x\to\infty}\dfrac{\arctan x}{x}$；

(3) $\lim\limits_{x\to 0}\dfrac{a^x-1}{x}$；

(4) $\lim\limits_{x\to 0^-}\dfrac{1}{x^3}$。

第 **2** 章 导数与微分

导数和微分是高等数学的基础概念,本章主要介绍导数和微分的概念以及用 MATLAB 实现。

2.1 本章目标

本章分为导数和微分两个部分。关于导数部分,要求熟练掌握函数的一阶及高阶导数的求法,反函数、隐函数、参数方程的求导运算。微分部分要求掌握数值微分算法。

2.2 相关命令

下面介绍本章涉及的相关命令。

(1) diff:求导函数。用法如下:

- diff(f):求 f 对变量 x 的一阶导数。
- diff(f,n):求 f 对变量 x 的 n 阶导数。
- diff(f,t):求 f 对变量 t 的一阶导数。
- diff(f,t,n):求 f 对变量 t 的 n 阶导数。

其中,f 为给定函数,x、t 为自变量,n 为导数的阶次。若省略 n,则默认求一阶导数,若 f 为一元函数,可省略 x。

(2) subs:替换变量。用法如下:

- subs(f,x,2):将 x 赋值为 2。
- subs(f,x,z):将 x 替换为 z。
- subs(f,{x,y},{z,1}):同时将 x 替换为 z,y 赋值为 1。
- subs(f,x,[1,2]):将 x 替换为数组。
- subs(a):用于把符号运算变为数值解。

2.3 导数

导数是函数增量与自变量增量之比的极限。在 MATLAB 中对符号函数的求导运算由函数 diff 完成。下面将介绍不同情况的求解实例。

2.3.1 求函数的一阶导数

例 2-1 求 $f(x) = \sqrt{x} + \sin x$ 的一阶导数。

解：先定义函数再计算，实现代码为：

```
syms x
f = x^(1/2) + sin(x);
diff(f)
```

$$\text{ans} = \cos(x) + \frac{1}{2\sqrt{x}}$$

例 2-2 求 $f(x) = \sin(tx)$ 的一阶导数，t 是任意常数。

解：

```
syms x t
f = sin(t * x);
diff(f)
```

$$\text{ans} = t\cos(tx)$$

例 2-3 证明 $f(x) = x^2$ 满足方程 $-\dfrac{\mathrm{d}f}{\mathrm{d}x} + 2x = 0$。

解：

MATLAB 不仅可以求解方程，还可以证明关系式。步骤是先定义、再计算，最后检验：

```
syms x
f = x^2;g = 2 * x;
h = diff(f);
- h + g
```

$$\text{ans} = 0$$

例 2-4 求 $f(x) = x^3 - 3x^2 + 3x$ 在区间 $[0,2]$ 内的最小值和最大值。

解：求最值首先需要对函数求一阶导数，一阶导数为 0 的点即是最值点，通过导数的正负可以判断单调性，从而确定最大值点和最小值点，代入表达式即可求得最大值和最小值。

同样地先输入函数,同时为了更直观地绘制图形再计算一阶导数为 0 的点,接着可以计算三点函数值,可得[0,2]上的最小值为 0,最大值为 2。运行脚本可以得到如图 2-1 所示的函数图形,同时得到计算结果:s = [1; 1],ans=0,ans=1,ans=2。

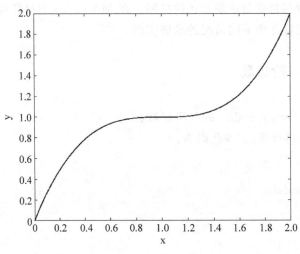

图 2-1   函数 $f(x)=x^3-3x^2+3x$ 的图形

实现代码为:

```
syms x
f = x^3 - 3 * x^2 + 3 * x;
fplot(f,[0,2])
xlabel('x'),ylabel('y');
df = diff(f)
```

$$\mathrm{d}f = 3\mathrm{x}^2 - 6x + 3$$

```
s = solve(df)
```

$$s = \begin{pmatrix} 1 \\ 1 \end{pmatrix}$$

```
subs(f,0),subs(f,1),subs(f,2)
```

ans $= 0$

ans $= 1$

ans $= 2$

在上述命令中用到了 subs 函数,subs 函数的调用格式为 subs(f,old,new),其中 f 为已知函数,old 是旧变量,new 是新变量。想用新变量替换旧变量,subs 函数有以下几个用法。

（1）赋值

subs(f,x,2) 将 x 赋值为 2。

（2）替换变量

subs(f,x,z) 将 x 替换为 z；

subs(f,{x,y},{z,1}) 同时将 x 替换为 z,y 赋值为 1；

subs(f,x,[1,2]) 将 x 替换为数组。

同时也用到了 fplot 函数,用该命令可以绘制函数二维曲线,它的调用格式为 fplot(f, [xmin,xmax])。

例 2-5 画出 $f(x) = \cos x$ 及 $f'(x)$ 的图形。

解：

```
syms x
f = cos(x);
f1 = diff(f);
fplot(f,[0,5])
hold on;
fplot(f1,[0,5])
xlabel('x'),ylabel('y');
hold off
```

运行可以得到如图 2-2 所示的函数图形。

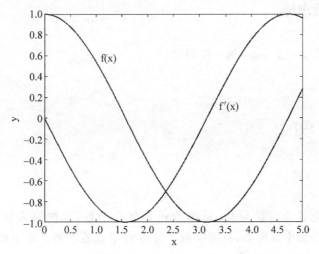

图 2-2 函数 $f(x) = \cos x$ 及 $f'(x)$ 的图形

2.3.2 求函数的高阶导数

例 2-6 求 $f(x) = e^{\pi x} + \sin x \cos 3x$ 的 3 阶导数。

解：

```
syms x
f = exp(pi * x) + sin(x) * cos(3 * x);
diff(f,3)
```

$$\text{ans} = 36\sin(3x)\sin(x) - 28\cos(3x)\cos(x) + \pi^3 e^{\pi x}$$

2.3.3　反函数求导

$f(x)$ 导数的倒数即为其反函数的导数。

例 2-7　求 $f(x) = 1 + \cos x$ 反函数的一阶导数。

解：

```
syms x
f = 1 + cos(x);
1/diff(f)
```

$$\text{ans} = -\frac{1}{\sin(x)}$$

2.3.4　复合函数求导

例 2-8　求 $f(x) = \ln \cos e^x$ 的一阶导数。

解：

```
syms x
f = log(cos(exp(x)));
diff(f)
```

$$\text{ans} = -\frac{\sin(e^x)e^x}{\cos(e^x)}$$

不难发现，无论是求高阶导数、反函数还是复合函数，这些原来较为复杂的计算在 MATLAB 里的命令却十分简洁，只要掌握了基本命令就能求解。而下面介绍的隐函数求导则略有不同。

2.3.5　隐函数求导

隐函数的一阶导数一般通过关系式 $\dfrac{\mathrm{d}y}{\mathrm{d}x} = \dfrac{-\mathrm{diff}(f,x)}{\mathrm{diff}(f,y)}$ 求解。

例 2-9　求 $e^y + xy + e^x = 0$ 的一阶导数。

解：

```
syms x y
f = exp(y) + x * y + exp(x)
dfx = diff(f,x);
dfy = diff(f,y);
dyx = - dfx/dfy
```

$$dyx = -\frac{y + e^x}{x + e^y}$$

例 2-10　求椭圆 $\dfrac{x^2}{16} + \dfrac{y^2}{9} = 1$ 在点 $\left(2, \dfrac{3}{2}\sqrt{3}\right)$ 处的切线方程，并绘图。

解：

```
syms x y;
fimplicit(x^2/16 + y^2/9 == 1)
hold on
f = x^2/16 + y^2/9 - 1
```

$$f = \frac{x^2}{16} + \frac{y^2}{9} - 1$$

```
dx = diff(f,x);
dy = diff(f,y);
k = - dx/dy;
k1 = subs(k,x,2);
k2 = subs(k1,y,3 * sqrt(3)/2), y2 = k2 * x - k2 * 2 + 3 * sqrt(3)/2
```

$$k2 = -\frac{\sqrt{3}}{4}$$

$$y2 = 2\sqrt{3} - \frac{\sqrt{3}\,x}{4}$$

```
axis equal                    % 让 x,y 坐标轴刻度相同
fplot(y2,[ - 12,12])
xlabel('x'),ylabel('y');
hold off
```

运行程序除了可以得到求解结果，还可得到如图 2-3 所示的函数图形。

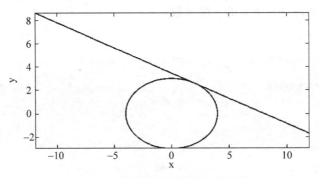

图 2-3　函数绘制的椭圆及切线图形

2.3.6　参数方程求导

物理中研究物体运动轨迹常用参数方程。对参数方程 $\begin{cases} x = \varphi(t) \\ y = \psi(t) \end{cases}$ 确定的函数 $y =$

$f(x)$ 求一阶导数,根据公式 $\dfrac{\mathrm{d}y}{\mathrm{d}x} = \dfrac{\dfrac{\mathrm{d}y}{\mathrm{d}t}}{\dfrac{\mathrm{d}x}{\mathrm{d}t}}$,连续用两次 $\mathrm{diff}(f)$ 命令即可。

例 2-11　忽略空气阻力,斜抛运动的方程为 $\begin{cases} x = v_1 t \\ y = v_2 t - \dfrac{1}{2}gt^2 \end{cases}$,其中 v_1, v_2 分别是物体

初速度的水平、垂直分量,求 t_0 时刻物体的速度。

解:

```
syms x y t v1 v2 g t0
x = v1 * t;
y = v2 * t - 1/2 * g * t^2;
v3 = diff(x,t);
v4 = diff(y,t);
v = (v3^2 + v4^2)^1/2;
% 速度的合成法则
subs(v, t, t0)
```

$$\mathrm{ans} = \frac{(v_2 - gt_0)^2}{2} + \frac{v_1^2}{2}$$

例 2-12　求参数方程 $\begin{cases} x = t - \sin t \\ y = 1 - \cos t \end{cases}$ 的一阶导数。

解：

```
syms t
x = t − sin(t);
y = 1 − cos(t);
dx = diff(x,t);
dy = diff(y,t);
dx/dy
```

$$\mathrm{ans} = -\frac{\cos(t)-1}{\sin(t)}$$

由于 MATLAB 没有提供直接求隐函数和参数方程高阶导数的函数，所以要根据递推公式自己编程，通常采用递归函数的格式，这部分内容将在拓展应用中介绍。

2.4 微分

前面介绍了通过函数 diff 求解析解的方法，但实际应用中往往函数表达式未知，而只有实验数据，因此需要探索其他的方法，下面介绍数值微分算法。

数值微分是用函数在离散点的函数值估计该点函数的导数值，最简单的方法是有限差分法，利用 $\dfrac{\mathrm{d}y}{\mathrm{d}x} \approx \dfrac{f(x+h)-f(x)}{h}$ 或 $\dfrac{\mathrm{d}y}{\mathrm{d}x} \approx \dfrac{f(x+h)-f(x-h)}{2h}$ 计算。差分法通过有限差分逼近导数，是一种微分方程数值方法，差分与微分的不同在于差分对应离散，微分对应连续。

例 2-13 用差分法画出 $f(x)=\sqrt{x+\tan x}+\sin x\cos(5x)$ 导数的图形。

解：

```
x = −5:.1:5;
y = (x + tan(x)).^1/2 + sin(x). * cos(5 * x);
dx = diff(x);
dy = diff(y);
dy1 = dy./dx;
plot(x,y,'r',x(1:length(x) − 1),dy1,'b. ');
axis([ − 5,5, − 20,20])
legend('f(x)','f(x)的导数')
title('f(x),f(x)的导数的图形')
xlabel('x'),ylabel('y');
```

运行程序可得到如图 2-4 所示的函数图形。

但实际上用差分法求导数误差较大，用多项式拟合求导数更精确，该节内容将会在拓展部分介绍。

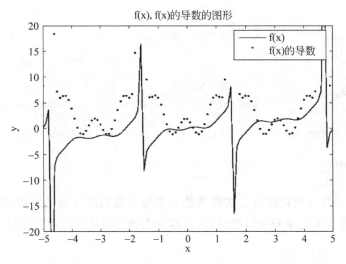

图 2-4 函数 $f(x) = \sqrt{x + \tan x} + \sin x \cos(5x)$ 导数的图形

2.5 拓展实例

例 2-14 若已知参数方程 $y = f(t)$，$x = g(t)$，则 $\dfrac{\mathrm{d}^n y}{\mathrm{d}x^n}$ 可以由递推公式求出：

$$\frac{\mathrm{d}y}{\mathrm{d}x} = \frac{f'(t)}{g'(t)}$$

$$\frac{\mathrm{d}^2 y}{\mathrm{d}x^2} = \frac{\mathrm{d}}{\mathrm{d}t}\left(\frac{f'(t)}{g'(t)}\right)\frac{1}{g'(t)} = \frac{\mathrm{d}}{\mathrm{d}t}\left(\frac{\mathrm{d}y}{\mathrm{d}x}\right)\frac{1}{g'(t)}$$

$$\vdots$$

$$\frac{\mathrm{d}^n y}{\mathrm{d}x^n} = \frac{\mathrm{d}}{\mathrm{d}t}\left(\frac{\mathrm{d}^{n-1} y}{\mathrm{d}x^{n-1}}\right)\frac{1}{g'(t)}$$

解：知道了上述原理，便可以写出实现程序：

```
function result = paradiff(y, x, t, n)
% x, y 均为 t 的函数，以下分情况讨论
if mod(n, 1) ~ = 0
    error('n should positive integer, please correct')
elseif n == 1
    result = diff(y, t)/diff(x, t);
else
2    result = diff(paradiff(y, x, t, n - 1), t)/diff(x, t);
end
```

多项式拟合求导数要先用命令 polyfit(p) 把函数拟合成多项式,再用 polyder(p) 对多项式求导。

例 2-15 用 4 阶多项式拟合函数 $f(x)=\cos(x)\ln(3+x^2+e^{x^2})$,并利用多项式求导法求在 $x=2$ 处的一阶与二阶导数,并画出函数及拟合多项式的图形。

解:

```
x = 0:.1:8;
y = cos(x). * log(3 + x.^2 + exp(x.^2));
p = polyfit(x, y, 4);
poly2str(p, 'x')
```

ans = ' −0.46687 x^4 + 6.6824 x^3 − 27.9457 x^2 + 34.4946 x − 7.1048'

```
p1 = polyder(p);
p2 = polyder(p1);
x0 = polyval(p, 2); x1 = polyval(p1, 2); x2 = polyval(p2, 2);
Name = {'函数值';'一阶导';'二阶导'};
X = [x0; x1; x2];
T = table(Name, X);
y1 = polyval(p, x);
plot(x, y, 'k', x, y1, 'k -- ')
legend('f(x)', '拟合曲线')
xlabel('x'), ylabel('y');
```

运行程序得到结果:$f'(2)=-12.0392$,$f''(2)=1.8876$,同时还可以得到函数的图形,如图 2-5 所示。

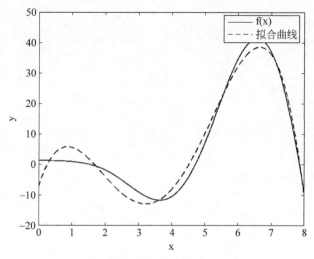

图 2-5   函数 f 及拟合函数的图形比较图

2.6 动手实践

请用 MATLAB 实现下列问题。

1. 求 y 的导函数，$y = \arcsin(\sin x)$。

2. 求 y 的二阶导数，$y = \dfrac{1-x}{1+x}$。

3. 求单位圆在点 $\left(\dfrac{1}{2}\sqrt{2}, \dfrac{1}{2}\sqrt{2}\right)$ 处的切线方程，并画图形。

第 3 章 微分中值定理与导数的应用

第 2 章介绍了导数的概念以及导数的计算，本章将会介绍导数的应用以及相关的知识。

按照理论与应用，本章分为微分中值定理及导数应用两个部分。前者具体地介绍了作为导数应用理论基础的微分中值定理，包括罗尔定理、拉格朗日中值定理和柯西中值定理等。而导数应用部分则具体介绍了洛必达法则、泰勒公式等这些在数学、物理中常用的原理，包括判断函数单调性、凹凸性和求拐点这些分析函数的工具，还有函数图形的绘制、求函数的曲率和方程近似解这些在工程当中广泛使用的关于导数的应用。

3.1 本章目标

与本章相关的 MATLAB 实现会以导数的应用这部分为重点，具体将使用 MATLAB 实现以下内容：

（1）验证洛必达法则；

（2）对合适的函数在任意点的任意阶进行泰勒展开；

（3）绘制函数图形；

（4）求函数的最大值、最小值；

（5）求函数的零点；

（6）判断函数的单调性和曲线的凹凸性；

（7）求函数的曲率；

（8）用二分法求零点。

因为通过计算机学习高数和一般的学习有所不同，为了方便 MATLAB 数学实现的进行，调整了部分章节的顺序。

值得一提的是，函数的泰勒展开以及求函数最值、极值、零点和判断函数单调性等知识曾在近代科学技术发展中起了十分重要的作用，而在计算机技术发达的今天，可以通过计算机更好地进行分析和计算，为科学技术的发展提供更强大的数学工具。

3.2　相关命令

下面介绍本章涉及的相关命令。

(1) limit：求极限。用法如下：

- limit(f,var,a)：函数 f 在变量 var 下在 a 处的双向极限。
- limit(f,a)：函数 f 在默认变量下在 a 处的双向极限。
- limit(f)：函数 f 在默认变量下在 0 处的双向极限。
- limit(f,var,a,'left')：函数 f 在变量 var 下在 a 处的左极限。
- limit(f,var,a,'right')：函数 f 在变量 var 下在 a 处的右极限。

(2) log：求自然对数。

(3) taylor：求泰勒展开。用法如下：

- taylor(f,var)：默认为五阶 Maclaurin 展开。
- taylor(f,var,a)：默认为五阶的在 a 点的泰勒展开。
- taylor(f,var,a,'order',n)：在 a 点的 n－1 阶泰勒展开。

(4) vpa：变量精度控制。用法如下：

- vap(x)：将结果 x 转化为小数。
- vpa(fun,n)：fun 为待积分函数,n 为精确位数。

(5) fzero：求零点。用法如下：

- fzero(f,[a,b])，注意：需要 f(a) * f(b)<0。

(6) fminbnd(fun,a,b)：求函数在区间[a,b]上的最小值。

(7) max(A)：返回数组 A 的最大元素。

(8) min(A)：返回数组 A 的最小元素。

(9) round(a)：取离 a 最近的整数(四舍五入)。

3.3　洛必达法则

先回顾一下洛必达法则的理论知识：

定理 3-1　设

(1) 当 $x \to a$ 时,函数 $f(x)$ 及 $F(x)$ 都趋于零；

(2) 在点 a 的某去心邻域内,$f'(x)$ 与 $F'(x)$ 都存在,且 $F'(x) \neq 0$；

(3) $\lim\limits_{x \to a} \dfrac{f'(x)}{F'(x)}$ 存在(或为无穷大),

则

$$\lim_{x \to a} \frac{f(x)}{F(x)} = \lim_{x \to a} \frac{f'(x)}{F'(x)}$$

定理 3-2 设

（1）当 $x \to a$ 时，函数 $f(x)$ 及 $F(x)$ 都趋于零；

（2）当 $|x| > N$ 时，$f'(x)$ 与 $F'(x)$ 都存在，且 $F'(x) \neq 0$；

（3）$\lim\limits_{x \to \infty} \dfrac{f'(x)}{F'(x)}$ 存在（或为无穷大），

则

$$\lim_{x \to a} \frac{f(x)}{F(x)} = \lim_{x \to a} \frac{f'(x)}{F'(x)}$$

可以看到，通过洛必达法则，未定式的极限可能会变成确定的极限。MATLAB 中有求极限的函数，下面将通过几个例子使用 MATLAB 来验证洛必达法则。

例 3-1 求 $\lim\limits_{x \to 0} \dfrac{\sin ax}{\sin bx}$（$b \neq 0$）。

解：

```
syms a b x;
f = sin(a * x);
g = sin(b * x);
%通过内置的limit函数来直接求极限
L = limit(f/g, x, 0)
```

$$L = \frac{a}{b}$$

```
%通过内置的求导函数和limit函数求出洛必达法则下的极限
df = diff(f, x);
dg = diff(g, x);
L1 = limit(df/dg, x, 0)
```

$$L1 = \frac{a}{b}$$

故 $L = L1$，正好证明了洛必达法则。

例 3-2 使用 MATLAB 求 $\lim\limits_{x \to \infty} \dfrac{\ln x}{x^n}$（$n > 0$）和其洛必达意义下的极限。

解：

```
%输入变量且n>0
syms n positive
syms x
%通过内置的limit函数来直接求极限
f = log(x);
g = x^n;
L = limit(f/g, x, + Inf)
```

$$L = 0$$

```
% 通过内置的求导函数和 limit 函数求出洛必达法则下的极限
df = diff(f,x);
dg = diff(g,x);
L1 = limit(df/dg, x, + Inf)
```

$$L1 = 0$$

上面的两个例子,求得了两个分式在洛必达法则下的极限,也求得了分式的极限,并且容易看出直接求得的极限与洛必达法则下得到的极限相同。

但是值得强调的是,洛必达法则这个定理只具有充分性,并不具有必要性。也就是说,一个满足命题条件的函数,即使极限存在,洛必达意义下的极限也可能不存在。大家可以尝试举例。

3.4 泰勒展开

定理 3-3 (泰勒中值定理 1)如果函数 $f(x)$ 在 x_0 处具有 n 阶导数,那么存在 x_0 的一个邻域,对于该邻域内的任一 x,有

$$f(x) = f(x_0) + f'(x_0)(x - x_0) + \frac{f''(x_0)}{2!}(x - x_0)^2 + \cdots +$$

$$\frac{f^{(n)}(x_0)}{n!}(x - x_0)^n + R_n(x)$$

其中,

$$R_n(x_0) = o((x - x_0)^n)$$

定理 3-4 (泰勒中值定理 2)如果函数 $f(x)$ 在 x_0 的某个邻域 $U(x_0)$ 内具有 $(n+1)$ 阶导数,那么对任一 $x \in U(x_0)$,有

$$f(x) = f(x_0) + f'(x_0)(x - x_0) + \frac{f''(x_0)}{2!}(x - x_0)^2 + \cdots +$$

$$\frac{f^{(n)}(x_0)}{n!}(x - x_0)^n + R_n(x)$$

其中,

$$R_n(x) = \frac{f^{(n+1)}(\xi)}{(n+1)!}(x - x_0)^{n+1}$$

这里的 ξ 是 x_0 与 x 之间的某个值。

例 3-3 写出函数 $f(x) = e^x$ 的带有拉格朗日余项的 10 阶麦克劳林公式,并计算得到的多项式在 $x = 1$ 处的误差。

解:

```
syms x
% 利用内置函数 taylor 得到 exp(x) 在零点的泰勒展开,在十一阶阶段,即得到十阶展开
f(x) = taylor(exp(x),x,'order',11)
```

$$f(x) = \frac{x^{10}}{3628800} + \frac{x^9}{362880} + \frac{x^8}{40320} + \frac{x^7}{5040} + \frac{x^6}{720} + \frac{x^5}{120} + \frac{x^4}{24} + \frac{x^3}{6} + \frac{x^2}{2} + x + 1$$

```
% 计算 x = 1 处的误差,并用小数表示
vpa(exp(1) - f(1))
```

ans = 0.000000027312661055166995097343880532 07

例 3-4 利用带有佩亚诺余项的麦克劳林公式,求极限 $\lim\limits_{x\to 0} \dfrac{\sin x - x\cos x}{\sin^3 x}$。

解:

```
syms x
% 利用内置函数 taylor 得到分式上下两部分的麦克劳林展开
f1(x) = taylor(sin(x) - x * cos(x))
```

$$f1(x) = \frac{x^3}{3} - \frac{x^5}{30}$$

```
f2(x) = taylor((sin(x))^3)
```

$$f2(x) = x^3 - \frac{x^5}{2}$$

由于 $x \to 0$,极限只与低阶项有关,易得极限为 $1/3$。

泰勒展开在物理化学等科学技术上有广泛的应用。本质上来说,它是一种使用简单函数较好地近似代替复杂函数的途径。我们熟悉的简单函数不仅包括幂函数,还有三角函数,而使用三角函数去逼近函数的方式称之为函数的傅里叶展开。泰勒展开在具体的使用过程中可能有一定的局限性,这时傅里叶级数可以用来更好地吻合函数。

$f(x)$ 在 $[-\pi, \pi]$ 上的傅里叶展开为

$$f(x) = \frac{a_0}{2} + \sum_{n=1}^{\infty} (a_n \cos nx + b_n \sin nx)$$

其中,

$$a_n = \frac{1}{\pi} \int_{-\pi}^{\pi} f(x) \cos nx \, dx$$

$$b_n = \frac{1}{\pi} \int_{-\pi}^{\pi} f(x) c \sin nx \, dx$$

傅里叶展开对函数的要求较低,它只要求函数的可积性(指黎曼可积或反常积分意义下绝对可积,后面几章会介绍),回顾前面的内容可以知道泰勒展开需要函数有较好的光滑性(多阶可导),然而这在现实应用中是比较严苛的性质,所以虽然傅里叶展开较泰勒展开烦琐,但傅里叶展开有更广泛的应用。

例 3-5 绘制 $y = \sin x$ 在 $[-\pi, \pi]$ 上的 n 阶泰勒展开及原函数的图形,其中 $n = 1$, 3, 5, 7, 9。

解:

```
syms x
% 原函数 y = sinx
y = sin(x);
% 写出 1-9 阶泰勒展开
y1 = taylor(sin(x), x, 'order', 2);
y2 = taylor(sin(x), x, 'order', 4);
y3 = taylor(sin(x), x, 'order', 6);
y4 = taylor(sin(x), x, 'order', 8);
y5 = taylor(sin(x), x, 'order', 10);
% 利用 plot 函数绘制各个函数图形
x = -pi:0.1:pi;
axy0 = plot(x, subs(y), 'k-');
hold on;
axy1 = plot(x, subs(y1), 'r--');
hold on;
axy2 = plot(x, subs(y2), 'ko');
hold on;
axy3 = plot(x, subs(y3), 'b*');
hold on;
axy4 = plot(x, subs(y4), 'rd');
hold on;
axy5 = plot(x, subs(y5), 'k+');
% 为图形添加图例
legend([axy0(1), axy1(1), axy2(1), axy3(1), axy4(1), axy5(1)], '原函数', 'n=1', 'n=3', 'n=5', 'n=7', 'n=9');
xlabel('x'); xlabel('y');
hold off
```

运行脚本可以得到如图 3-1 所示的图形。从图中可以看出,随着阶数的增高,所得到的泰勒展开与原函数变得十分接近,也就是说泰勒展开在达到一定阶数时可以较好地逼近原函数。利用这一性质,可以利用泰勒展开代替原函数,进行极限的计算。

上述程序简单地应用了之前讲过的 plot 函数,并为曲线添加了图例。因为之前的泰勒展开中是符号运算,所以使用了 subs 函数对变量赋值从而就得到了函数的数值解。

使用计算机绘制的图形看起来虽然是光滑的,但是实际上计算机的绘制过程是多段的,也就是说,这里的一个图形是由多段曲线拼接而成。这就要求在使用 legend 函数的时候要

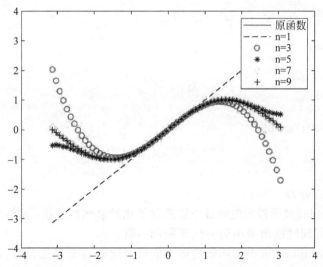

图 3-1 函数 $y = \sin x$ 在 $[-\pi, \pi]$ 上的 n 阶泰勒展开及原函数的图形

对其进行选取。读者可以尝试把 legend 函数中的矩阵去掉,看会得到什么样的结果。

上面只是简单地介绍了两个函数的主要功能,实际上 MATLAB 的绘图功能十分强大,参考 1.2 里关于函数绘图的指令介绍,可以在同一个图形上绘制多个函数曲线并设置颜色、线型和添加标题等。由于使用电脑绘图简单方便,在这里就不赘述,具体可以参考 MATLAB 里的帮助,获得更多的使用方式。

3.5 求函数的最大值与最小值

在生产生活中,都会遇到决策"如何最优"的问题,而其中的部分问题本质上可以归结为某一函数(目标函数)的最大值或最小值问题。在通常的高等数学教材中,求最大值或最小值的方法,一般是通过求出函数的各个极值点,然后比较极值的大小,来确定最大值或最小值。

在 MATLAB 中,可以使用内置函数 fminbnd 来计算函数的最大值或最小值。

例 3-6 求函数 $f(x) = |x^2 - 3x + 2|$ 在 $[-3, 4]$ 上的最大值与最小值。

解:

```
% 写出函数和负的函数
f1 = @(x)abs(x^2 - 3 * x + 2);
f2 = @(x) - abs(x^2 - 3 * x + 2);
% 求出最小值和最大值分别对应的自变量值 x1,x2
x1 = fminbnd(f1, - 3,4)
```

$x1 = 1.0000$

```
x2 = fminbnd(f2, - 3,4)
```

$$x2 = -3.0000$$

```
%得到最大值和最小值
min_f1 = f1(x1)
```

$$min\_f1 = 5.3047e-06$$

```
max_f1 = - f2(x2)
```

$$max\_f1 = 19.9997$$

上述程序为了同时展示最大值和最小值采取了比较麻烦的写法,事实上,使用$[x, fval] = fminbnd(\_\_\_\_)$即可同时输出最小值的位置和最小值。

由上,先通过 fminbnd 求出了函数的最小值所对应的自变量值,然后再代入原函数,就得到了最小值。对于求最大值,则采取先在函数前面加负号求最小值,再转换为最大值的方法。本质上来说,求函数的最大值和最小值是一样的。

上面的例子比较简单,可以直接看出最小值为 0,最大值为 20。通过 MATLAB 求得的结果与实际最大、最小值基本相符。但是由于计算机储存数据的方式和机器精度等的限制,得到的结果并不是完全相同。

MATLAB 中除了求函数最小值的函数 fminbnd,还有求矩阵最值的函数 max、min。矩阵的形式是离散的、有限的,而函数的自变量是稠密的、不可数的。但仍然可以利用矩阵最值的计算来估计函数的最小值,并达到一定的精度,这也是计算机求最值的原理。

3.6　求函数的零点

对于函数的零点,可以使用内置函数 fzero 来实现。

例 3-7　求 $e^x + \sin x + x$ 在 $[-1,1]$ 上的零点。

解:

```
%利用函数句柄写出函数
f = @(x)exp(x) + sin(x) + x;
%计算零点
fzero(f,[ - 1,1])
```

$$ans = -0.3545$$

```
fplot(f,[ - 1,1],'k');
hold on
line([ - 1,1],[0,0]);
xlabel('x'); ylabel('y');
hold off
```

另外可以得到函数的图形(如图 3-2 所示)。

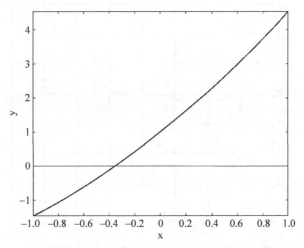

图 3-2 函数 $e^x + \sin x + x$ 在 $[-1, 1]$ 的图形及零点示意图

3.7 函数的单调性和曲线的凹凸性

前面的章节介绍了函数图形的绘制,本节将利用绘制函数图形的方法来讨论曲线的单调性和凹凸性。

首先可以利用函数图形来粗略观察函数的单调性。

例 3-8 判定函数 $y = x - \sin x$ 在 $[-\pi, \pi]$ 上的单调性。

解:首先可以使用 plot 绘制函数 $y = x - \sin x$ 在 $[-\pi, \pi]$ 上的图形:

```
x = - pi:0.1:pi;
y = x - sin(x);
plot(x,y);
grid on;
title('y = x - sinx');
xlabel('x'); ylabel('y');
```

得到如图 3-3 所示的函数图形。通过此图可以观察到函数大致是单调递增的,但并不能精确地得到结果。若加上对导函数的考查,可以准确地判断函数的单调性。如果进一步对函数的二阶导数进行考查,可以判断曲线的凹凸性。

然后,可以通过以下两个定理来判断函数的单调性和凹凸性。

定理 3-5 设函数 $y = f(x)$ 在 $[a, b]$ 上连续,在 (a, b) 内可导,那么:

(1) 如果在 (a, b) 内 $f'(x) \geqslant 0$,且等号仅在有限多个点处成立,那么函数 $y = f(x)$ 在 $[a, b]$ 上单调增加;

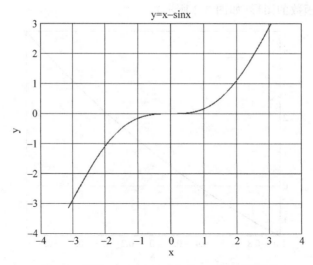

图 3-3　函数 $y = x - \sin x$ 在 $[-\pi, \pi]$ 上的图形

(2) 如果在 (a, b) 内 $f'(x) \leqslant 0$，且等号仅在有限多个点处成立，那么函数 $y = f(x)$ 在 $[a, b]$ 上单调减少。

定理 3-6　设 $f(x)$ 在 $[a, b]$ 上连续，在 (a, b) 内具有一阶导数和二阶导数，那么：

(1) 如果在 (a, b) 内 $f''(x) > 0$，则 $f(x)$ 在 $[a, b]$ 上的图形是凹的；

(2) 如果在 (a, b) 内 $f''(x) < 0$，则 $f(x)$ 在 $[a, b]$ 上的图形是凸的。

结合 3.6 中求函数的零点，可以通过先绘图，再分析的方式给出结论。

例 3-9　讨论函数 $\sin x + \dfrac{x}{5}$ 在区间 $[-2, 2]$ 上的单调性和凹凸性。

解：

```
syms x;
%分别定义原函数、导数、二阶导数
y = sin(x) + x/5;
dy = diff(y,x);
ddy = diff(y,x,2);
%绘制图形,并添加表格线
x = -2:0.1:2;
plot(x,subs(y),'b.');
hold on;
plot(x,subs(dy),'r--');
hold on;
plot(x,subs(ddy));
xlabel('x'); ylabel('y');
grid on;
legend ('原函数','导数','二阶导数','location','northwest');
disp(dy);
```

$$\cos(x) + \frac{1}{5}$$

```
disp(ddy);
```

$$-\sin(x)$$

```
hold off
```

执行程序,还可以得到函数的图形,如图 3-4 所示。

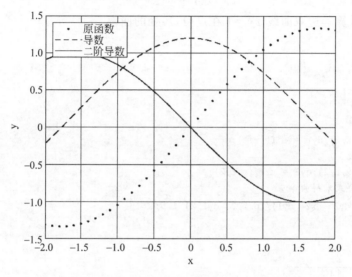

图 3-4　函数 $\sin x + \dfrac{x}{5}$ 的原函数、导数、二阶导数的图形

从图 3-4 中可以看出,原函数先减再增再减,先凹后凸;导函数有两个零点,分别位于 $[-2,-1.5]$、$[1.5,2]$;二阶导数有一个零点,位于 $[-0.5,0.5]$。接下来,只需通过 fzero 函数把零点求出即可:

```
syms x;
a1 = fzero('cos(x) + 1/5',[-2, -1.5])
a2 = fzero('cos(x) + 1/5',[1.5,2])
b1 = fzero('- sin(x)',[-0.5,0.5])
```

得到结果:

```
a1 = -1.7722;a2 = 1.7722;b1 = 0
```

故根据定理 3-1 和定理 3-2 得出函数在 $[-2,-1.7722]$ 单调递减,在 $[-1.7722,1.7722]$ 单调递增,在 $[1.7722,2]$ 单调递减;函数在 $[-2,0]$ 是凹的,在 $[0,2]$ 是凸的。

3.8 曲率

在工程计算中,有时需要精确描述曲线的弯曲程度,而曲率就是表征曲线弯曲程度的概念。由微分的概念和曲率的定义,得到的曲率计算公式如下。

设曲线的直角坐标方程是 $y=f(x)$,且 $f(x)$ 具有二阶导数 y''(这时 $f'(x)$ 连续,从而曲线是光滑的),那么曲线的曲率为:

$$K = \frac{|y''|}{(1+y')^{3/2}}。$$

例 3-10 计算等边双曲线 $xy=1$ 在点 $(1,1)$ 处的曲率。

解:

```
syms t
% x、y 为关于 t 的函数
x = t;y = 1/t;
% 求一阶导数
dx1 = diff(x,t);dy1 = diff(y,t);
% 求二阶导数
dx2 = diff(x,t,2);dy2 = diff(y,t,2);
% 根据曲率公式求得曲率
k1 = (dx1 * dy2 − dx2 * dy1)/(dx1^2 + dy1^2)^1.5;
k = abs(k1)
```

$$k = \frac{2}{\left|\dfrac{1}{t^4}+1\right|^{3/2} |t|^3}$$

代入 $t=1$,得:ans $=0.7071$。

3.9 拓展实例:寻找方程近似解

在面对一些科学技术和实际应用等问题时,经常遇到方程求解的问题,但是很多的方程并不能精确求解,在方程比较稳定的情况下,求方程的近似解来代替实际的精确解就可以很好地解决问题。

求方程的近似解,一般分为两步:

(1) 确定根的大致范围,可以通过作图、计算等方式得到一个理想的近似解范围;

(2) 在确定的范围里寻找近似解,以端点为初始值进行迭代,逐步改善近似值的精确度,直到取得满足精度要求的近似解。二分法、牛顿法等,都是通过这样的方式来寻找近似解。下面主要以二分法为例进行学习。

接下来具体了解一下二分法。

设 $f(x)$ 在 $[a,b]$ 上连续，$f(a) \cdot f(b) < 0$，且 $f(x) = 0$ 在 (a,b) 内仅有一个根。

$[a,b]$ 作为前文提到的近似解范围。

然后取区间中点，如果区间中点函数值为 0，那么零点已经找到，如果区间中点的函数值不为 0，那么它的函数值必与 a 或 b 点的函数值异号，取区间中点和与它异号的点作为新的范围，继续迭代。

迭代终止的条件为：区间的长度小于精度或中点函数值为 0。

由上可以看出，二分法对函数的要求并不严格。虽然本章主要研究可导的函数，但二分法只需要连续这个性质就足够了。

前面曾经使用过 fzero 函数来求函数零点。求函数的零点即求方程的近似解，而它也要求函数在给出的两个端点的函数值乘积为负，和二分法要求相同。

例 3-11　利用二分法求正弦函数在 $[-1,1]$ 之间的零点。

解：先根据二分法的原理写出二分法的函数：

```
function [c,err,yc] = bisect(f,a,b,delta)
% BISECT 以二分法在指定区间寻找函数零点
% 输入参数:
%　——f:函数句柄
%　——a、b:区间左右端点
%　——delta:精度
% 输出参数:
%　——c:零点
%　——yc:c 点函数值
%　——err:误差
% 调用说明:
% bisect(f,a,b,delta):在区间[a,b]间寻找 f 的零点,精度 delta

ya = f(a);
yb = f(b);
if ya * yb > 0, return, end
max1 = 1 + round((log(b - a) - log(delta))/log(2));
% 由于每一步区间长度都变为原来的一半,这一步来计算达到相应的精度,最多需要多少步

for k = 1:max1
c = (a + b)/2;
yc = f(c);
if yc == 0
a = c;
b = c;
elseif yb * yc > 0
b = c;
yb = yc;
else
a = c;
```

```
end
if b − a < delta, break, end
end

c = (a + b)/2;
err = abs(b − a);
yc = f(c);
```

然后,再利用这个函数求解正弦函数在[−1,1]之间的零点:

```
bisect(@(x) sin(x), −1, 1, 0.01)
```

ans = 0。

3.10 动手实践

请用 MATLAB 实现下列问题。

1. 验证极限 $\lim\limits_{x\to\infty}\dfrac{x+\sin x}{x}$ 存在,但不能用洛必达法则得出,并说明原因。

2. 求函数 $f(x)=\dfrac{1}{x}$ 按 $(x+1)$ 的幂展开的 5 阶泰勒公式。

3. 应用三阶泰勒公式求下列各数的近似值,并估计误差:

(1) $\sin 18°$;

(2) $e^{0.5}$。

4. 描绘下列函数的图形:

(1) $y=\dfrac{\cos x}{\cos 2x}$ 在 $[-4\pi, 4\pi]$ 上;

(2) $y=e^{-(x-1)^2}$ 在 $[-2, 2]$ 上。

5. 利用 plot 函数绘制圆心位于原点,半径为 2 的圆。

6. 假设某工厂生产某产品 x 千件的成本是 $C(x)=x^3-6x^2+15x$,售出该产品 x 千件的收入是 $r(x)=9x$,问是否存在一个能取得最大利润的生产水平? 如果存在的话,找出这个生产水平。

7. 求函数 $f(x)=x^3-x^2-5x-2$ 的零点和导数及二阶导数的零点。

8. 在上机作业基础上,讨论函数 $f(x)=x^3-x^2-5x-2$ 的单调性、单调区间和凹凸性。

9. 求曲线 $x=a\cos^3 t, y=a\sin^3 t$ 在 $t=t_0$ 处的曲率。

第 **4** 章 不定积分

根据牛顿-莱布尼茨公式,许多函数的定积分的计算就可以简便地通过求不定积分来进行。本章主要介绍不定积分的概念及 MATLAB 求不定积分的方法。

4.1 本章目标

本章将介绍如何使用 MATLAB 实现几种形式的不定积分。首先介绍根据不定积分定义进行不定积分,然后再介绍几种特殊形式的不定积分。包括:

(1) 换元法不定积分;

(2) 分部积分法;

(3) 有理函数的积分。

4.2 相关命令

不定积分的 MATLAB 函数主要用 int。用法如下:

- int(expr,var): 计算函数表达式 expr 对变量 var 的不定积分,变量 var 是可选的,如果没有指定它,int 将使用由 symvar 确定的默认变量。如果 expr 是常量,那么默认变量是 x。

如果多两个参数,则变成求定积分了。用法如下:

- int(expr,var,a,b): 计算从 a 到 b 的函数表达式 expr 对变量 var 的定积分,如果不指定变量,int 使用由 symvar 确定的默认变量。如果 expr 是常量,那么默认变量是 x。

注意: int(expr,var,[a b]) 等价于 int(expr,var,a,b)。

4.3 不定积分概念

定义 4-1: 如果对任一 $x \in I$,都有

$$F'(x) = f(x) \quad 或 \quad \mathrm{d}F(x) = f(x)\,\mathrm{d}x$$

则称 $F(x)$ 为 $f(x)$ 在区间 I 上的原函数。

定理 4-1 （原函数存在定理）如果函数 $f(x)$ 在区间 I 上连续，则 $f(x)$ 在区间 I 上一定有原函数，即存在区间 I 上的可导函数 $F(x)$，使得对任一 $x \in I$，有

$$F'(x) = f(x)$$

注 1：如果 $f(x)$ 有一个原函数，则 $f(x)$ 就有无穷多个原函数。

设 $F(x)$ 是 $f(x)$ 的原函数，则 $[F(x) + C]' = f(x)$，即 $F(x) + C$ 也为 $f(x)$ 的原函数，其中 C 为任意常数。

注 2：如果 $F(x)$ 与 $G(x)$ 都为 $f(x)$ 在区间 I 上的原函数，则 $F(x)$ 与 $G(x)$ 之差为常数，即

$$F(x) - G(x) = C \quad (C \text{ 为常数})$$

注 3：如果 $F(x)$ 为 $f(x)$ 在区间 I 上的一个原函数，则 $F(x) + C(C$ 为任意常数)可表达 $f(x)$ 的任意一个原函数。

定义 4-2：在区间 I 上，$f(x)$ 的带有任意常数项的原函数，称为 $f(x)$ 在区间 I 上的不定积分，记为 $\int f(x) \, dx$。

如果 $F(x)$ 为 $f(x)$ 的一个原函数，则

$$\int f(x) \, dx = F(x) + C \quad (C \text{ 为任意常数})。$$

计算不定积分时，首先要明确基本代码的含义以及理解不定积分的实用意义，这样才能在计算时化繁为简。MATLAB 中不定积分最简单的形式可以表示为：int(f(x))。下面通过几道例题来熟悉相关应用。

例 4-1 求 $\int x^2 \, dx$。

解：

```
syms x
f = x^2;
int(f)
```

$$\text{ans} = \frac{x^3}{3}$$

注意：MATLAB 计算的不定积分结果需要自己加上任意常数 C。

例 4-2 求 $\int x^2 \sqrt{x} \, dx$。

解：

```
syms x
f = x^2 * sqrt(x);
int(f)
```

$$ans = \frac{2x^{7/2}}{7}$$

例 4-3 求 $\int (x^2 - 5)\sqrt{x}\,\mathrm{d}x$。

解:

```
syms x
f = (x^2 - 5) * sqrt(x);
int(f)
```

$$ans = \frac{2x^{3/2}(3x^2 - 35)}{21}$$

例 4-4 求 $\int (e^x - 3\cos x)\,\mathrm{d}x$。

解:

```
syms x
f = exp(x) - 3 * cos(x);
int(f)
```

$$ans = e^x - 3\sin(x)$$

例 4-5 求 $\displaystyle\int \frac{1}{\sin^2\left(\dfrac{x}{2}\right)\cos^2\left(\dfrac{x}{2}\right)}\,\mathrm{d}x$。

解:

```
syms x
f = 1/(sin(x/2)^2 * cos(x/2)^2);
int(f)
```

$$ans = -4\cot(x)$$

可以看到,积分运算是微分运算的逆运算,所以可以从导数公式得到相应的积分公式。

下面把一些基本的积分公式列成一个表,这个表通常叫作基本积分表,可以在计算过程中灵活运用:

(1) $\int k\,\mathrm{d}x = kx + c$

(2) $\int x^a\,\mathrm{d}x = \dfrac{x^{a+1}}{a+1} + c$,$a$ 可以是负数。补充:$\int \dfrac{1}{x^b}\,\mathrm{d}x = \int x^{-b}\,\mathrm{d}x = \dfrac{x^{-b+1}}{-b+1} + c$

(3) $\int \dfrac{1}{x}\,\mathrm{d}x = \ln|x| + c$

(4) $\displaystyle\int \frac{1}{1+x^2}\,\mathrm{d}x = \arctan x + c$

(5) $\displaystyle\int \frac{1}{\sqrt{1-x^2}}\,\mathrm{d}x = \arcsin x + c$

(6) $\displaystyle\int \cos x\,\mathrm{d}x = \sin x + c$

(7) $\displaystyle\int \sin x\,\mathrm{d}x = -\cos x + c$

(8) $\displaystyle\int \frac{1}{\cos^2 x}\,\mathrm{d}x = \int \sec^2 x\,\mathrm{d}x = \tan x + c$

(9) $\displaystyle\int \frac{1}{\sin^2 x}\,\mathrm{d}x = \int \csc^2 x\,\mathrm{d}x = -\cot x + c$

(10) $\displaystyle\int \sec x \tan x\,\mathrm{d}x = \sec x + c$

(11) $\displaystyle\int \csc x \cot x\,\mathrm{d}x = -\csc x + c$

(12) $\displaystyle\int \mathrm{e}^x\,\mathrm{d}x = \mathrm{e}^x + c$

(13) $\displaystyle\int a^x\,\mathrm{d}x = \frac{a^x}{\ln a} + c$

(14) $\displaystyle\int \mathrm{sh}x\,\mathrm{d}x = \mathrm{ch}x + c$，其中 $\mathrm{sh}x = \dfrac{\mathrm{e}^x - \mathrm{e}^{-x}}{2}$ 为双曲正弦函数

(15) $\displaystyle\int \mathrm{ch}x\,\mathrm{d}x = \mathrm{sh}x + c$，其中 $\mathrm{ch}x = \dfrac{\mathrm{e}^x + \mathrm{e}^{-x}}{2}$ 为双曲余弦函数

4.4 换元积分法

解一些复杂的因式分解问题,常用到换元法,即对结构比较复杂的多项式,若把其中某些部分看成一个整体,用新字母代替(即换元),则能使复杂的问题简单化,明朗化,在减少多项式项数,降低多项式结构复杂程度等方面有独到作用。

换元法又称变量替换法,是解题常用的方法之一。利用换元法,可以化繁为简,化难为易,从而找到解题的捷径。

1. 第一类换元积分法

设 $F(u)$ 为 $f(u)$ 的原函数,即 $F'(u) = f(u)$ 或 $\displaystyle\int f(u)\,\mathrm{d}u = F(u) + C$,如果 $u = \phi(x)$,且 $\phi(x)$ 可微,则

$$\frac{\mathrm{d}}{\mathrm{d}x}F[\phi(x)] = F'(u)\phi'(x) = f(u)\phi'(x) = f[\phi(x)]\phi'(x)$$

即 $F\left[\phi(x)\right]$ 为 $f\left[\phi(x)\right]\phi'(x)$ 的原函数,或

$$\int f\left[\phi(x)\right]\phi'(x)\,\mathrm{d}x=F\left[\phi(x)\right]+C=\left[F(u)+C\right]_{u=\phi(x)}=\left[\int f(u)\,\mathrm{d}u\right]_{u=\phi(x)}$$

因此有

定理 4-2　设 $F(u)$ 为 $f(u)$ 的原函数,$u=\phi(x)$ 可微,则

$$\int f\left[\phi(x)\right]\phi'(x)\,\mathrm{d}x=\left[\int f(u)\,\mathrm{d}u\right]_{u=\phi(x)} \tag{4-1}$$

公式(4-1)称为第一类换元积分公式。

2. 第二类换元积分法

定理 4-3　设 $x=\psi(t)$ 是单调的可导函数,且 $\psi'(t)\neq0$,又设 $f\left[\psi(t)\right]\psi'(t)$ 具有原函数,则

$$\int f(x)\,\mathrm{d}x=\left[\int f\left[\psi(t)\right]\psi'(t)\,\mathrm{d}t\right]_{t=\psi(x)} \tag{4-2}$$

其中 $t=\psi(x)$ 为 $x=\psi(t)$ 的反函数。

公式(4-2)称为第二类换元积分公式。

现在看几个适合换元法求不定积分的例子,大家可以比较一下手动计算与 MATLAB 计算的结果,看是否一致。

例 4-6　求 $\displaystyle\int 2\cos2x\,\mathrm{d}x$。

解:

```
syms x
f = 2 * cos(2 * x);
int(f)
```

ans $= \sin(2x)$

例 4-7　求 $\displaystyle\int\frac{x^2}{(x+2)^3}\,\mathrm{d}x$。

解:

```
syms x
f = x^2/(x + 2)^3;
int(f)
```

ans $= \log(x+2)+\dfrac{4x+6}{x^2+4x+4}$

例 4-8　求 $\displaystyle\int\frac{1}{x^2+a^2}\,\mathrm{d}x$。

解：

```
syms x a
f = 1/(x^2 + a^2);
int(f)
```

$$\text{ans} = \frac{\text{atan}\left(\dfrac{x}{a}\right)}{a}$$

例 4-9 求 $\displaystyle\int \sqrt{a^2 - x^2}\, dx$，$(a > 0)$。

解：

```
syms x a
f = sqrt(a^2 - x^2);
int(f)
```

$$\text{ans} = \frac{x\sqrt{a^2 - x^2}}{2} - \frac{a^2 \log(\sqrt{a^2 - x^2} + x\text{i})\text{i}}{2}$$

例 4-10 求 $\displaystyle\int \frac{\sqrt{a^2 - x^2}}{x^4}\, dx$，$(a \neq 0)$。

解：

```
syms x a
f = sqrt(a^2 - x^2)/x^4;
int(f)
```

$$\text{ans} = -\frac{(a^2 - x^2)^{3/2}}{3a^2 x^3}$$

4.5 分部积分法

分部积分法

设 $u = u(x)$，$v = v(x)$，则有

$$(uv)' = u'v + uv'$$

或

$$d(uv) = v\,du + u\,dv$$

两端求不定积分，得

$$\int (uv)'\,dx = \int vu'\,dx + \int uv'\,dx$$

或

$$\int \mathrm{d}(uv) = \int v\,\mathrm{d}u + \int u\,\mathrm{d}v$$

即

$$\int u\,\mathrm{d}v = uv - \int v\,\mathrm{d}u \tag{4-3}$$

或

$$\int uv'\,\mathrm{d}x = uv - \int vu'\,\mathrm{d}x \tag{4-4}$$

公式(4-3)或(4-4)称为不定积分的分部积分公式。

下面介绍不定积分的两个基本性质,结合基本积分表可以求解简单的不定积分。

性质 4-1 设 $f(x)$ 和 $g(x)$ 的原函数存在,则

$$\int [f(x) + g(x)]\,\mathrm{d}x = \int f(x)\,\mathrm{d}x + \int g(x)\,\mathrm{d}x$$

该性质对于有限个函数都是成立的。

性质 4-2 设函数 $f(x)$ 的原函数存在,k 为非零常数,则

$$\int kf(x)\,\mathrm{d}x = k\int f(x)\,\mathrm{d}x$$

例 4-11 求 $\int x^2 \mathrm{e}^x\,\mathrm{d}x$。

解:

```
syms x
f = x^2 * exp(x);
int(f)
```

ans $= \mathrm{e}^x (x^2 - 2x + 2)$

例 4-12 求 $\int x \ln x\,\mathrm{d}x$。

解:

```
syms x
f = x * log(x);
int(f)
```

ans $= \dfrac{x^2 \left(\log(x) - \dfrac{1}{2}\right)}{2}$

例 4-13 求 $\int \arccos x\,\mathrm{d}x$。

解：

```
syms x
f = acos(x);
int(f)
```

$$ans = x\operatorname{acos}(x) - \sqrt{1-x^2}$$

例 4-14　求 $\int x \arctan x \, dx$。

解：

```
syms x
f = x * atan(x);
int(f)
```

$$ans = \operatorname{atan}(x)\left(\frac{x^2}{2}+\frac{1}{2}\right) - \frac{x}{2}$$

例 4-15　求 $\int e^x \sin x \, dx$。

解：

```
syms x
f = exp(x) * sin(x);
int(f)
```

$$ans = -\frac{e^x(\cos(x)-\sin(x))}{2}$$

4.6　有理函数的积分

有理函数是通过多项式的加减乘除得到的函数。一个有理函数 h 可以写成如下形式：$h=f/g$，这里 f 和 g 都是多项式函数。有理函数是特殊的函数，它的零点和极点个数有限。有理函数的积分形式比较有特点，在高等数学中作为独立的一种积分方法，但对于 MATLAB 来说，方法依然是一样的。下面通过几个例子熟悉 MATLAB 求解有理函数形式的不定积分。

例 4-16　求 $\int \dfrac{x+1}{x^2-5x+6} dx$。

解：

```
syms x
f = (x + 1)/(x^2 - 5 * x + 6);
int(f)
```

$\mathrm{ans} = 4\log(x-3) - 3\log(x-2)$

例 4-17 求 $\displaystyle\int \frac{x+2}{(2x+1)\,(x^2+x+1)}\mathrm{d}x$ 。

解：

```
syms x
f = (x + 2)/((2 * x + 1) * (x^2 + x + 1));
int(f)
```

$\mathrm{ans} =$

$$\log\!\Big(x+\frac{1}{2}\Big) - \frac{\sigma_2}{2} - \frac{\sigma_1}{2} - \frac{\sqrt{3}\,\sigma_1\mathrm{i}}{6} + \frac{\sqrt{3}\,\sigma_2\mathrm{i}}{6}$$

where

$$\sigma_1 = \log\!\Big(x+\frac{1}{2}-\frac{\sqrt{3}\,\mathrm{i}}{2}\Big)$$

$$\sigma_2 = \log\!\Big(x+\frac{1}{2}+\frac{\sqrt{3}\,\mathrm{i}}{2}\Big)$$

例 4-18 求 $\displaystyle\int \frac{1+\sin x}{\sin x\,(1+\cos x)}\mathrm{d}x$ 。

解：

```
syms x
f = (1 + sin(x))/(sin(x) * (1 + cos(x)));
int(f)
```

$$\mathrm{ans} = \tan\!\Big(\frac{x}{2}\Big) + \frac{\log\!\Big(\tan\!\Big(\dfrac{x}{2}\Big)\Big)}{2} + \frac{\tan\!\Big(\dfrac{x}{2}\Big)^2}{4}$$

例 4-19 求 $\displaystyle\int \frac{1}{1+(x+2)^{\frac{3}{2}}}\mathrm{d}x$ 。

解：

```
syms x
f = 1/(1 + (x + 2)^(3/2));
int(f)
```

ans =

$$-\frac{2\log(\sigma_1+4)}{3}-\log\left(\sigma_1+9\left(-\frac{1}{3}+\frac{\sqrt{3}\,\mathrm{i}}{3}\right)^2\right)\left(-\frac{1}{3}+\frac{\sqrt{3}\,\mathrm{i}}{3}\right)+\log\left(\sigma_1+9\left(\frac{1}{3}+\frac{\sqrt{3}\,\mathrm{i}}{3}\right)^2\right)\left(\frac{1}{3}+\frac{\sqrt{3}\,\mathrm{i}}{3}\right)$$

where

$$\sigma_1=4\sqrt{x+2}$$

例 4-20 求 $\displaystyle\int \frac{1}{x}\sqrt{\frac{1+x}{x}}\,\mathrm{d}x$。

解:

```
syms x
f = (1/x) * sqrt((1 + x)/x);
int(f)
```

$$\text{ans} = 2\mathrm{atanh}\left(\sqrt{\frac{1}{x}+1}\right)-2\sqrt{\frac{1}{x}+1}$$

4.7 多变量不定积分

有些函数具有多个变量,在 MATLAB 中需要指定一个自变量,才可以求多变量函数的不定积分。

例 4-21 求函数 $f(x,z)=\dfrac{x}{1+z^2}$ 的不定积分。

解:

```
syms x z
f = x/(1 + z^2);
int(f,x)
```

$$\text{ans} = \frac{x^2}{2(z^2+1)}$$

```
int(f,z)
```

$$\text{ans} = x\,\mathrm{atan}(z)$$

在这个例子中,如果不指定积分变量,int 将使用 symvar 返回的变量作为积分变量,这里 symvar 返回 x:

```
% 不指定变量
symvar(f, 1)
```

ans $= x$

所以对于二元不定积分,使用时要确定好自变量和因变量,以防运行错误。

4.8　拓展实例:MATLAB 不定积分实例

本例将根据微分和积分的概念,利用 MATLAB 来证明两者之间是互逆运算。要操作符号变量,先要创建 syms 类型的对象:

```
syms x
```

一旦定义了符号变量,就可以使用 fplot 构建可视化函数(如图 4-1 所示):

```
f(x) = 1/(5 + 4 * cos(x))
```

$$f(x) = \frac{1}{4\cos(x)+5}$$

```
fplot(f)
xlabel('x')
ylabel('f')
```

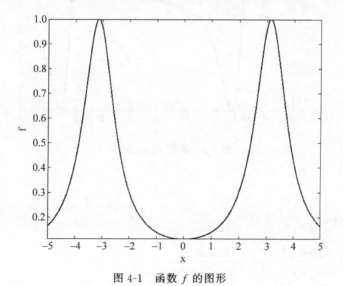

图 4-1　函数 f 的图形

计算函数在 $x = \dfrac{\pi}{2}$ 时的函数值:

```
f(pi/2)
```

$$\text{ans} = \frac{1}{5}$$

微分该函数:

```
f1 = diff(f)
```

$$f1(x) = \frac{4\sin(x)}{(4\cos(x)+5)^2}$$

绘制函数 f1 的图形(如图 4-2 所示):

```
fplot(f1)
xlabel('x')
ylabel('f1')
```

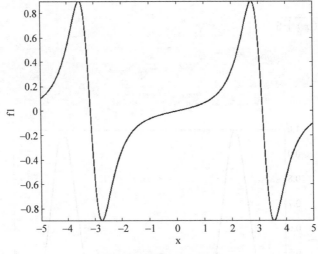

图 4-2　函数 $f1$ 的图形

求二阶导数:

```
f2 = diff(f,2)
```

$$f2(x) = \frac{4\cos(x)}{(4\cos(x)+5)^2} + \frac{32\sin(x)^2}{(4\cos(x)+5)^3}$$

绘制函数 f2 的图形(如图 4-3 所示):

```
fplot(f2)
xlabel('x'), ylabel('f2')
```

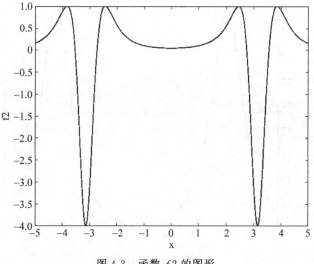

图 4-3　函数 $f2$ 的图形

通过对二阶导数积分两次来检验原始函数：

```
g = int(int(f2))
```

$$g(x) = -\frac{8}{\tan\left(\dfrac{x}{2}\right)^2 + 9}$$

绘制函数 g 的图形（如图 4-4 所示）：

```
fplot(g)
xlabel('x'), ylabel('g')
```

为了便于比较，将函数 f 与 g 的图形绘制在一幅图上（如图 4-5 所示）：

```
subplot(1,2,1)
fplot(f)
xlabel('x'), ylabel('f')
subplot(1,2,2)
fplot(g)
xlabel('x'), ylabel('g')
```

乍一看函数 f 与 g 的图形是一样的。但是，仔细查看它们的公式和它们在 y 轴上的范围，就会发现 f 和 g 的差虽然是一个复杂的公式，但它的差像一个常数：

```
e = f - g
```

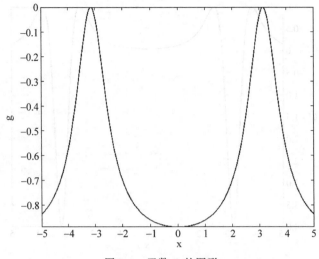

图 4-4　函数 g 的图形

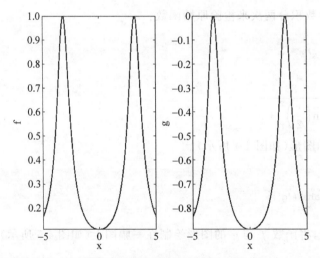

图 4-5　函数 f 与 g 的比较图

$$e(x) = \frac{8}{\tan\left(\dfrac{x}{2}\right)^2 + 9} + \frac{1}{4\cos(x) + 5}$$

为了证明这个差是常数,化简这个方程,这就证实了它们之间的差确实是一个常数:

```
e = simplify(e)
```

$e(x) = 1$

从这个过程来看,微分与积分确实是互逆的运算。

4.9 动手实践

请用 MATLAB 求下列不定积分。

1. $\int (x^2 - 6x + 5)\mathrm{d}x$。

2. $\int 3^x \mathrm{e}^x \mathrm{d}x$。

3. $\int \mathrm{e}^{5x} \mathrm{d}x$。

4. $\int \dfrac{\sin x}{\cos^3 x}\mathrm{d}x$。

5. $\int \mathrm{e}^{-2x} \sin \dfrac{x}{2}\mathrm{d}x$。

6. $\int x\ln^2 x\,\mathrm{d}x$。

7. $\int \dfrac{x}{(x+1)(x+2)(x+3)}\mathrm{d}x$。

8. $\int \dfrac{1}{2\sin x - \cos x + 5}\mathrm{d}x$。

第 5 章 定积分

第 4 章介绍了不定积分的概念及求解方式,本章将介绍定积分的定义、定积分的近似计算求解、反常积分的有关计算等内容。本章内容侧重理论与计算,第 6 章将会对定积分在几何与物理上的应用做更详尽的介绍说明。

5.1 本章目标

本章将尝试用 MATLAB 编写有关计算函数来加深对定义的理解,并解决如下问题:

(1) 运用定积分的几何意义编写求解函数;

(2) 定积分的近似计算与数值积分;

(3) 定积分的符号求解;

(4) 积分上限函数及其求导;

(5) 两种反常积分的符号求解与近似求解——Γ 函数与 B 函数;

(6) 定积分方法的综合运用;

(7) 积分的数值求解。

5.2 相关命令

下面介绍涉及定积分的 MATLAB 命令。

(1) int:定积分求解函数。用法如下:

- int(expr,var,a,b):计算出区间[a,b]上关于 var 的表达式 expr 的定积分,如果未指定变量,int 将使用 symvar 确定的默认变量。如果 expr 是常量,则默认变量为 x。

- int(____,Name,Value):使用一个或多个 Name,Value 对参数指定选项。例如,'IgnoreAnalyticConstraints',true 指定 int 对积分器应用额外的简化。

（2）trapz：梯形法求定积分。用法如下：

- trapz(Y)：通过梯形法计算 Y 的近似积分(采用单位间距)，Y 的大小确定求积分所沿用的维度。如果 Y 为向量，则 trapz(Y) 是 Y 的近似积分；如果 Y 为矩阵，则 trapz(Y) 对每列求积分并返回积分值的行向量；如果 Y 为多维数组，则 trapz(Y) 对其大小不等于 1 的第一个维度求积分。

- trapz(X,Y)：根据 X 指定的坐标或标量间距对 Y 进行积分。

- trapz(____,dim)：使用以前的任何语法沿维度 dim 求积分，必须指定 Y，也可以指定 X。如果指定 X，则它可以是长度等 size(Y,dim) 的标量或向量。例如，如果 Y 为矩阵，则 trapz(X,Y,2) 对 Y 的每行求积分。

（3）quad：抛物线(simpson)法求定积分。用法如下：

- quad(fun,a,b,tol)：使用递归自适应 simpson 积分法求取函数 fun 从 a 到 b 的近似积分，误差为 tol，默认为 $1e-6$。

（4）integral：计算数值积分。用法如下：

- integral(fun,xmin,xmax)：使用全局自适应积分和默认误差容限在 xmin 至 xmax 间以数值形式为函数 fun 求积分。

- integral(fun,xmin,xmax,Name,Value)：指定具有一个或多个 Name,Value 对组参数的其他选项。例如，指定 'WayPoints'，后跟实数或复数向量，为要使用的积分器指示特定点。

（5）gamma：求 gamma 积分。用法如下：

- gamma(x)：其中 x 为实数参数。

（6）beta：求 beta 积分。用法如下：

- beta(p,q)：求 beta 积分，其中 p,q 为实数参数。

（7）feval：将变量数值代入符号函数。用法如下：

- feval(fun,x1,…,xm)：将 x1,…,xm 分别代入 fun 方程求解。

（8）vpasolve：求方程数值解。用法如下：

- vpasolve(fun,var)：用数值方法求解变量为 var 的方程 fun 的根。

5.3 定积分的几何意义与近似计算

先回顾一下定积分的定义。

定义 5-1 设函数 $f(x)$ 在 $[a,b]$ 上有界，在 $[a,b]$ 中插入若干个分点

$$a = x_0 < x_1 < \cdots < x_{n-1} < x_n = b$$

把区间 $[a,b]$ 分成 n 个小区间

$$[x_0,x_1],[x_1,x_2],\cdots,[x_{n-1},x_n]$$

各个小区间长度依次为

$$\Delta x_1 = x_1 - x_0, \quad \Delta x_2 = x_2 - x_1, \cdots, \Delta x_n = x_n - x_{n-1}$$

在每个小区间 $[x_{i-1}, x_i]$ 上任取一点 $\xi_i\,(x_{i-1} \leqslant \xi_i \leqslant x_i)$，作函数值 $f(\xi_i)$ 与小区间长度 Δx_i 的乘积 $f(\xi_i)\Delta x_i\,(i=1,2,\cdots,n)$，并求和

$$S = \sum_{i=1}^{n} f(\xi_i)\,\Delta x_i$$

记 $\lambda = \max\{\Delta x_1, \Delta x_2, \cdots, \Delta x_n\}$，如果当 $\lambda \to 0$ 时，和 S 的极限总存在，且与闭区间 $[a,b]$ 的分法及点 ξ_i 的取法无关，那么称这个极限 I 为函数 $f(x)$ 在区间 $[a,b]$ 上的定积分（简称积分），记作 $\int_a^b f(x)\,\mathrm{d}x$，即

$$\int_a^b f(x)\,\mathrm{d}x = I = \lim_{\lambda \to 0}\sum_{i=1}^{n} f(\xi_i)\,\Delta x_i$$

其中，$f(x)$ 叫作被积函数，$f(x)\mathrm{d}x$ 叫作被积表达式，x 叫作积分变量，a 叫作积分下限，b 叫作积分上限，$[a,b]$ 叫作积分区间。

下面再讨论定积分的几何意义。在 $[a,b]$ 上 $f(x) \geqslant 0$ 时，$\int_a^b f(x)\,\mathrm{d}x$ 表示由曲线 $y = f(x)$、两条直线 $x = a$，$x = b$ 与 x 轴所围成的曲边梯形的面积；在 $[a,b]$ 上 $f(x) \leqslant 0$ 时，表示由曲线 $y = f(x)$、两条直线 $x = a$，$x = b$ 与 x 轴所围成的曲边梯形位于 x 轴的下方，$\int_a^b f(x)\,\mathrm{d}x$ 表示上述曲边梯形面积的负值；在 $[a,b]$ 上 $f(x)$ 既取得正值又取得负值时，即函数 $f(x)$ 的图形某些部分在 x 轴的上方，而其他部分在 x 轴下方，此时定积分 $\int_a^b f(x)\,\mathrm{d}x$ 表示 x 轴上方图形面积减去 x 轴下方图形面积所得之差（如图 5-1 所示）。

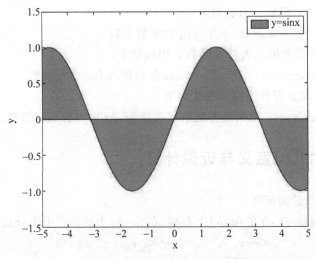

图 5-1　定积分几何意义示意图

例 5-1　利用定积分的几何意义计算 $\int_0^3 (x^2 - 3x + 1)\,\mathrm{d}x$。

解：先利用零点存在定理找到所有零点存在的区间，所用函数为 root_int，函数代码

如下：

```
function r = root_int(fun,a,b,h)
% ROOT_INT 寻找函数的所有的零点所在长度为 h 的区间
% 输入参数:
%   ——fun:被搜索函数
%   ——a:搜索区间下界
%   ——b:搜索区间上界
%   ——h:区间长度,缺省为(b-a)/100
% 输出参数:
%   ——r:所有的零点所在的长度为 h 的区间
% 调用说明:
% r = root_int(fun,a,b,h):求函数 fun 在[a,b]区间内所有的零点所在的长度为 h 的区间

if nargin == 3
    h = (b-a)/100;
end
a1 = a;b1 = a1 + h;
r = [];
fun = matlabFunction(fun);
while b1 < b
    if feval(fun,a1) * feval(fun,b1)< 0
        % 应用零点存在定理,搜索零点存在区间
        r = [r;[a1,b1]];
        a1 = b1;b1 = a1 + h;
    else
        a1 = b1;b1 = a1 + h;
        continue
    end
end
```

然后利用零点存在的小区间以及内置函数 fzero 找出函数 fun 在被积区间内所有零点，并找出 x 轴上方部分及 x 轴下方部分，分别求面积作差，所用函数为 defInt，实现代码如下：

```
function I = defInt(fun,a,b,n)
% DEFINNT 应用定积分的几何性质求解定积分
% 输入参数:
%   ——fun:被积函数
%   ——a:搜索区间下界
%   ——b:搜索区间上界
%   ——n:区间等分数
% 输出参数:
%   ——I:应用定积分几何性质求解得出结果
% 调用说明:
% I = defint(fun,a,b,n):求函数 fun 在[a,b]区间内的几何性质求解
```

```
fun = matlabFunction(fun);
r = root_int(fun,a,b);
if ~isempty(r)
    N = size(r,1);
    solution = zeros(1,N + 2);
    solution(1) = a;
    solution(end) = b;
    for i = 1:N
        solution(i + 1) = fzero(fun,r(1,i));
    end
    Interval = zeros(N + 1,0);
    for j = 1:N + 1
        Interval(j,1) = solution(j);
        Interval(j,2) = solution(j + 1);
    end
```

这样,利用上述两个函数,可以求得:

```
syms x
fun = x^2 - 3 * x + 1;
defInt(fun,0,3,100)
```

ans = -1.874728644728536

从上述方法可以看到,对于任一确定的正整数 n,积分和为

$$\sum_{i=1}^{n} f(\xi_i) \Delta x_i$$

都是定积分 $\int_a^b f(x)\,\mathrm{d}x$ 的近似值,当 n 取不同值时,可得到定积分 $\int_a^b f(x)\,\mathrm{d}x$ 精度不同的近似解。定义中,将窄条矩形的面积作为窄条曲边梯形面积的近似值。整体上用台阶形的面积作为曲边梯形面积的近似值。事实上,常用的求定积分近似值的方法都采用把区间 $[a,b]$ 等分的分法,即用分点 $a = x_0, x_1, \cdots, x_{n-1}, x_n = b$ 将 $[a,b]$ 分成 n 个长度相等的小区间,每个小区间的长度为 $\Delta x = \dfrac{b-a}{n}$,记 $f(x_i) = y_i (i = 0,1,2,\cdots,n)$,然后再利用几种可求面积的方法进行求解。

1. 矩形法

矩形左上角与曲线刚好相交时(如图 5-2 所示),有

$$\int_a^b f(x)\,\mathrm{d}x \approx \frac{b-a}{n}(y_0 + y_1 + \cdots + y_{n-1}) \quad (\text{取 } \xi_i = x_{i-1})$$

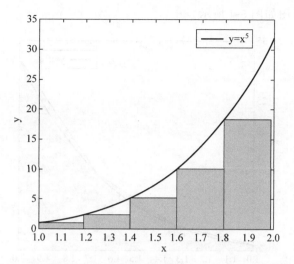

图 5-2 矩形法求定积分示意图(矩形左上角与曲线刚好相交)

矩形右上角与曲线刚好相交时(如图 5-3 所示),有

$$\int_a^b f(x)\,\mathrm{d}x \approx \frac{b-a}{n}(y_1 + y_2 + \cdots + y_n) \quad (\text{取 } \xi_i = x_i)$$

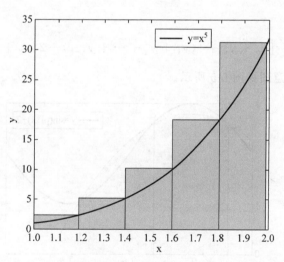

图 5-3 矩形法求定积分示意图(矩形右上角与曲线刚好相交)

2. 梯形法

根据梯形面积公式,有

$$\int_a^b f(x)\,\mathrm{d}x \approx \frac{b-a}{n}\left(\frac{y_0 + y_n}{2} + y_1 + y_2 + \cdots + y_{n-1}\right)$$

梯形法求定积分示意图如图 5-4 所示。

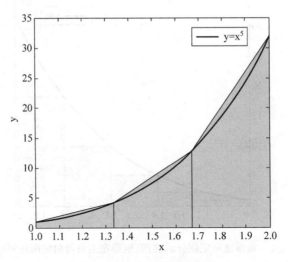

图 5-4　梯形法求定积分示意图

3. 抛物线法(simpson 法)

取 n 为偶数,有

$$\int_a^b f(x)\,\mathrm{d}x \approx \frac{b-a}{3n}\left[y_0 + y_n + 4(y_1 + y_3 + \cdots + y_{n-1}) + 2(y_2 + y_4 + \cdots + y_{n-2})\right]$$

抛物线法求定积分示意图如图 5-5 所示。

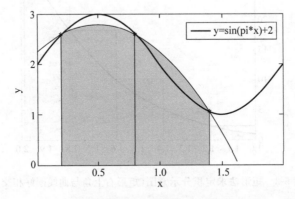

图 5-5　抛物线法求定积分示意图

　　数值积分的必要性是由于计算函数的原函数比较困难。原函数可由初等函数表示的为数不多,大部分可积函数的积分无法用初等函数表示,有些甚至无法用解析表达式表示。同时,在实际应用中,只能知道某些积分函数在特定点的取值,此时无法用求原函数方法计算定积分。数值积分为我们提供了不依赖原函数求得函数积分的方法,在数学应用中十分重要，MATLAB 提供了几种计算数值积分的方法：trapz 函数基于梯形法设计；quad 函数基于 simpson 法编写设计；integral 法则可以自动选择最佳的算法进行数值积分。

下面通过几个例子介绍相关函数的用法及具体应用过程。

例 5-2 应用矩形法、梯形法及 simpson 法分别求定积分 $\int_0^1 \dfrac{4}{1+x^2}\,\mathrm{d}x$ 的近似值。

解：对于矩形法，以左取法（矩形左上角与曲线刚好相交，见图 5-2）为例，可以编写如下函数：

```
function Q = rectangular_left(fun,a,b,n)
% RECTANGULAR_LEFT 根据矩形法求定积分近似值
% 输入参数：
%     ——fun:函数的 MATLAB 表述；
%     ——a,b:积分的下限与上限；
%     ——n:区间等分数；
% 输出参数：
%     ——Q:矩形法定积分近似值
% 调用说明：
%   Q = rectangular_left(fun,a,b,n):根据矩形法求定积分近似值,等分数为 n

if nargin < 4
    n = 100;
end
X = linspace(a,b,n + 1)
x = a
y = eval(fun);
s = 0;
for i = 1:n
    s = s + (b - a)/n * y;
    x = X(i);
    y = eval(fun);
end
Q = s;
```

利用该函数以及 quad、trapz，取 $n = 100$，有：

```
syms x
f = 4/(1 + x^2);
x = [0:1/100:1];
y = 4 * (1 + x.^2).^( - 1);
format long
% 用矩形法求出积分近似值,等分长度为 1/100
Q_rec = rectangular_left(f,0,1,100)
```

Q_rec = 3.171374986973629

```
%用抛物线法求出积分近似值
Q_quad = quad(matlabFunction(f),0,1)
```

Q_quad = 3.141592653589793

```
%用梯形法求出积分近似值
Q_trapz = trapz(x,y)
```

Q_trapz = 3.141575986923129

与本例函数积分的精确值 pi 相比较可知,精确度排序为:simpson 法＞梯形法＞矩形法。

计算定积分近似值的方法还有很多,如:Newton-Cotes 公式法、Gauss 法、复化梯形法、复化 simpson 法等,它们精确度更高,依赖的函数更为复杂,被更多地应用于追求高精度数值解的情形,这部分内容将在本章末尾做简要说明。

5.4 定积分的符号计算

通常用求原函数的方式计算定积分的值,这依赖于一个重要公式,即:

定理 5-1 (牛顿-莱布尼茨公式)如果函数 $F(x)$ 是连续函数 $f(x)$ 在区间 $[a,b]$ 上的一个原函数,那么

$$\int_a^b f(x)\,\mathrm{d}x = F(b) - F(a)$$

在 MATLAB 中,与不定积分的求解相同,仍然使用 int 函数求解符号函数的定积分,调用方式为:

Q = int(fun,x,a,b):fun 为待积分符号函数表达式(可为单个方程或矩阵),x 为符号变量,当 fun 为单一变量时,可以默认。a、b 分别为定积分的下限与上限.

例 5-3 计算下列表达式:

(1) $\int_{-1}^{\sqrt{3}} \dfrac{\mathrm{d}x}{1+x^2}$;

(2) $\int_{-2}^{-1} \dfrac{\mathrm{d}x}{x}$;

(3) $\int_0^\pi \begin{bmatrix} x & \dfrac{\cos x}{\sqrt{x^2+1}} \\ x\cos kx & \dfrac{3+\sin x}{2+\cos x} \end{bmatrix} \mathrm{d}x$.

解:

```
syms x k
f1 = 1/(1 + x^2);
f2 = 1/x;
f3 = [x,cos(x)/((x^2 + 1)^0.5); x * cos(k * x),(3 + sin(x))/(2 + cos(x))];
int(f1,3^0.5, - 1)
```

$$\text{ans} = -\frac{7\pi}{12}$$

```
int(f2, - 2, - 1)
```

$$\text{ans} = -\log(2)$$

```
int(f3,0,pi)
```

$$\text{ans} = \begin{bmatrix} \dfrac{\pi^2}{2} & \displaystyle\int_0^\pi \dfrac{\cos(x)}{\sqrt{x^2 + 1}}\,\mathrm{d}x \\[4mm] -\dfrac{2\sin\left(\dfrac{\pi k}{2}\right)^2 - \pi k \sin(\pi k)}{k^2} & \log(3) + \pi\sqrt{3} \end{bmatrix}$$

题(3)中出现了不可积的定积分。对于该类情况,可以使用 vpa 函数,得到其任意精度的数值解:

```
F = int(cos(x)/(x^2 + 1)^(1/2), x, 0, pi);
vpa(F,5)
```

$$\text{ans} = 0.48827$$

5.5 积分上限函数及其性质

$$\Phi(x) = \int_a^x f(t)\,\mathrm{d}t \quad (a \leqslant x \leqslant b)$$

定理 5-2 如果函数 $f(x)$ 在积分区间 $[a, b]$ 上连续,那么积分上限函数

$$\Phi(x) = \int_a^x f(t)\,\mathrm{d}t$$

在 $[a, b]$ 上可导,并且它的导数

$$\Phi'(x) = \frac{\mathrm{d}}{\mathrm{d}x}\int_a^x f(t)\,\mathrm{d}t = f(x)$$

定理 5-3　如果函数 $f(x)$ 在积分区间 $[a,b]$ 上连续,那么函数

$$\Phi(x) = \int_a^x f(t)\,\mathrm{d}t$$

就是 $f(x)$ 在 $[a,b]$ 上的一个原函数。

例 5-4　计算 $\dfrac{\mathrm{d}}{\mathrm{d}x}\displaystyle\int_{\sin x}^{\cos x} \cos(\pi t^2)\,\mathrm{d}t$ 的导数。

解:

```
syms t x
F1 = cos(pi * t^2);
F11 = int(F1,sin(x),cos(x))
```

$$F11 = \frac{\sqrt{2}\,(\mathrm{C}(\sqrt{2}\cos(x)) - \mathrm{C}(\sqrt{2}\sin(x)))}{2}$$

```
diff(F11)
```

$$\mathrm{ans} = -\frac{\sqrt{2}\,(\sqrt{2}\cos(\pi\cos(x)^2)\sin(x) + \sqrt{2}\cos(\pi\sin(x)^2)\cos(x))}{2}$$

5.6　无穷限区间的反常积分

定义 5-2　设函数 $f(x)$ 在区间 $[a,+\infty)$ 上连续,任取 $t>a$,作定积分 $\displaystyle\int_a^t f(x)\,\mathrm{d}x$,再求极限:

$$\lim_{t\to+\infty}\int_a^t f(x)\,\mathrm{d}x \tag{5-1}$$

若极限存在,则上式称为函数 $f(x)$ 在无穷区间 $[a,+\infty)$ 上的反常积分,记为 $\displaystyle\int_a^{+\infty} f(x)\,\mathrm{d}x$,即

$$\int_a^{+\infty} f(x)\,\mathrm{d}x = \lim_{t\to+\infty}\int_a^t f(x)\,\mathrm{d}x$$

此时也称反常积分收敛;若上述极限不存在,则 $\displaystyle\int_a^{+\infty} f(x)\,\mathrm{d}x$ 无意义,称为反常积分 $\displaystyle\int_a^{+\infty} f(x)\,\mathrm{d}x$ 发散。

类似地,设函数 $f(x)$ 在区间 $(-\infty,b]$ 上连续,任取 $t<b$,作定积分 $\displaystyle\int_t^b f(x)\,\mathrm{d}x$,再求极限:

$$\lim_{t\to-\infty}\int_t^b f(x)\,\mathrm{d}x$$

若极限存在,则上式称为函数 $f(x)$ 在无穷区间 $(-\infty, b]$ 上的反常积分,记为 $\int_{-\infty}^{b} f(x)\,\mathrm{d}x$,即

$$\int_{-\infty}^{b} f(x)\,\mathrm{d}x = \lim_{t \to -\infty} \int_{t}^{b} f(x)\,\mathrm{d}x$$

此时也称反常积分收敛;若上述极限不存在,则 $\int_{-\infty}^{b} f(x)\,\mathrm{d}x$ 无意义,称为反常积分 $\int_{-\infty}^{b} f(x)\,\mathrm{d}x$ 发散。

上述反常积分统称为无穷限区间的反常积分。由定义及牛顿-莱布尼茨公式可得:

设 $F(x)$ 为 $f(x)$ 在 $[a, +\infty)$ 上一原函数,若 $\lim\limits_{x \to \infty} F(x)$ 存在,则反常积分

$$\int_{a}^{+\infty} f(x)\,\mathrm{d}x = \lim_{x \to \infty} F(x) - F(a)$$

若 $\lim\limits_{x \to \infty} F(x)$ 不存在,则反常积分发散。类似地,在区间 $(-\infty, b]$ 同理。

由上述可知,对于收敛的无穷限反常积分,依然可以使用 int 函数求其值。

例 5-5 计算下列无穷限反常积分值:

(1) $\int_{-\infty}^{+\infty} \dfrac{\mathrm{d}x}{1+x^2}$ 　　　　　　　　(2) $\int_{0}^{+\infty} t\mathrm{e}^{-pt}\,\mathrm{d}t\,(p > 0)$

解:

```
syms x t
f1 = 1/(1 + x^2);
int(f1, - inf,inf)
```

ans = π

```
syms a p positive
% 输入变量及变量范围
f2 = t * exp( - p * t);
int(f2,t,0,inf)
```

ans = $\dfrac{1}{p^2}$

5.7 无界函数的反常积分

定义 5-3 若函数 $f(x)$ 在点 a 的任意邻域无界,则称点 a 为 $f(x)$ 的瑕点,该类积分又称为瑕积分。

设函数 $f(x)$ 在区间 $(a,b]$ 上连续,点 a 为 $f(x)$ 的瑕点,任取 $t>a$,作定积分 $\int_t^b f(x)\,\mathrm{d}x$,再求极限:

$$\lim_{t\to a}\int_t^b f(x)\,\mathrm{d}x \tag{5-3}$$

若极限存在,则上式称为函数 $f(x)$ 在区间 $(a,b]$ 上的反常积分,记为 $\int_a^b f(x)\,\mathrm{d}x$,即

$$\int_a^b f(x)\,\mathrm{d}x = \lim_{t\to a}\int_t^b f(x)\,\mathrm{d}x$$

此时也称反常积分收敛;若上述极限不存在,则 $\int_a^b f(x)\,\mathrm{d}x$ 无意义,称为反常积分 $\int_a^b f(x)\,\mathrm{d}x$ 发散。

当 b 为瑕点时亦然,这里不再过多陈述。

例 5-6　证明下列无界反常积分,当 $0<q<1$ 时收敛,当 $p\geqslant 1$ 时发散。

$$\int_a^b \frac{\mathrm{d}x}{(x-a)^q}$$

证明:

```
syms x a b
int(1/(x-a)^(p+1),x,a,b)
```

ans $= \infty$

```
syms p positive
int(1/(x-a)^(1-p),x,a,b)
```

ans $= \dfrac{(b-a)^p}{p}$

5.8　反常积分的近似计算

5.8.1　无界函数的反常积分

无界函数的反常积分的近似计算比较简单,只需去掉相应的瑕点即可用定积分近似计算时的方法计算。

例 5-7　计算无界函数 $\displaystyle\int_0^1 \frac{x\,\mathrm{d}x}{\sqrt{1-x^2}}$。

解：

```
syms x
f1 = x/sqrt(1 - x^2);
% 用抛物线法近似计算反常积分
integral(matlabFunction(f1),0,1)
```

```
ans = 1.000000000000077
```

5.8.2　无穷限区间的反常积分

对于无穷限区间的反常积分，由于区间长度无穷，不能直接采用等间分割的方法。下面介绍无穷区间逼近的方法，以方程 $\int_0^{+\infty} f(x)\,\mathrm{d}x$ 的求解为例。

$$\int_0^{+\infty} f(x)\,\mathrm{d}x = \lim_{b_n \to +\infty} \int_0^{b_n} f(x)\,\mathrm{d}x$$

取单调递增数列 $\{b_n\}$，且 $b_n \to +\infty\,(n \to +\infty)$，则有

$$\int_0^{+\infty} f(x)\,\mathrm{d}x = \int_0^{b_0} f(x)\,\mathrm{d}x + \int_{b_0}^{b_1} f(x)\,\mathrm{d}x + \cdots + \int_{b_{n-1}}^{b_n} f(x)\,\mathrm{d}x + \cdots$$

将无穷限函数分为无数个小积分区间，使上面的每个小区间的积分都是正常积分，可用正常方法计算，当 $\left|\int_{b_{n-1}}^{b_n} f(x)\,\mathrm{d}x\right| \leqslant \varepsilon$ 时，停止迭代。

根据上述步骤，利用定积分中 quad 函数，编写如下求解程序 quadInf，解决上述问题。

```
function Q = quadInf(fun,a,b,tol,range)
% QUANINF 无穷限函数的反常积分的近似计算
% 输入参数:
%     ——fun:被积函数
%     ——a,b:积分下限与上限,可为 inf
%     ——tol:容差值,默认为 1e - 6
%     ——range:精度要求,迭代终止准则,默认为 1e - 5
% 输出参数:
%     ——Q:所求近似积分值
% 调用说明:
%     Q = quadInf(fun,a,b):求函数 fun 在[a,b]上的积分近似计算,a 与 b 可为无穷,下同
%     Q = quadInf(fun,a,b,tol):求函数 fun 在[a,b]上的积分近似计算,容差为 tol
%     Q = quadInf(fun,a,b,tol,range):求函数 fun 在[a,b]上的积分近似计算,容差为 tol,精度
% 为 range

if nargin < 5
    range = 1e - 5;
end
if nargin < 4
```

```
        tol = 1e - 6;
    end
if isinf(a) && isinf(b)
    Q = quadInf(fun, - inf,0) + quadInf(fun,0,inf);
 % 表示若积分范围两端都为无穷,则分两部分递归调用该函数.

elseif isinf(b)
    Q = 0;I = 1;
    while I > range
        b = a + 1;
        I = quad(fun,a,b,tol);
        Q = Q + I;
        a = b;
    end
elseif isinf(a)
    Q = 0;I = 1;
    while I > range
        a = b - 1;
        I = quad(fun,a,b,tol);
        Q = Q + I;
        b = a;
    end
else
    Q = quad(fun,a,b,tol);
end
```

5.9   Γ 函数与 B 函数

下面介绍在理论和实际应用中都非常重要的反常积分 Γ 函数,并对与它联系紧密同样重要的反常积分 B 函数做课本的补充说明。

定义 5-4   Γ 函数的定义为

$$\Gamma(s) = \int_0^{+\infty} x^{s-1} e^{-x} \, dx$$

为查看其定义域,将 Γ 函数写为

$$\Gamma(s) = \int_0^1 x^{s-1} e^{-x} \, dx + \int_1^{+\infty} x^{s-1} e^{-x} \, dx$$

可见,该函数既为无穷限区间的反常积分,当 $s-1<0$ 时,又为无界函数的反常积分。

$s \leqslant 0$ 时,等式右边第一个反常积分发散;$s>0$ 时,等式右边两个反常积分都收敛,因此该函数定义域为 $(0, +\infty)$。

定义 5-5   B 函数的定义为

$$B(p,q) = \int_0^1 x^{p-1} (1-x)^{q-1} \, dx$$

为查看其定义域,将 B 函数写为

$$\mathrm{B}(p,q)=\int_0^{\frac{1}{2}} x^{p-1}(1-x)^{q-1}\mathrm{d}x+\int_{\frac{1}{2}}^1 x^{p-1}(1-x)^{q-1}\mathrm{d}x$$

$p>0$ 时等式右边第一个反常积分收敛,$q>0$ 时等式右边第二个反常积分收敛,因此该函数的定义域为 $(p,q)\in(0,+\infty)\times(0,+\infty)$。

MATLAB 提供了求 Γ 函数与 B 函数函数值的内置函数 gamma,beta,其调用形式为

```
Y1 = gamma(x); Y2 = beta(p,q)
```

参数说明:x,p,q 为参数,它必须为实数,Y1,Y2 分别为对应积分值。

利用 MATLAB 绘制 Γ 函数与简单的 B 函数的图形(如图 5-6、图 5-7 所示):

```
fplot(@gamma)
% 运用内置 fplot 函数直接画出 gamma 函数的一种情况
legend('Gamma(x)')
% 用内置 legend 函数做图例标注
grid on
xlabel('x'); ylabel('y');
p = linspace(0,5);q = linspace(0,5);
Y2 = beta(p,q);
% 画出 beta 函数的一种情况
plot(Y2)
legend('Beta(p,q)')
grid on
xlabel('x'); ylabel('y');
```

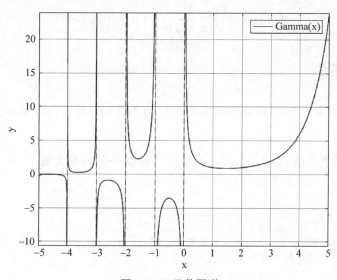

图 5-6　Γ 函数图形

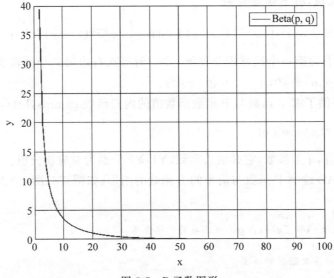

图 5-7 B 函数图形

由于函数 gamma 的特殊性,也有自己的性质。对于整数 n:

(1) gamma(n+1)＝factorial(n)＝prod(1：n)。

(2) gamma 函数的域通过解析延拓延伸到负实数,在负整数处有简单的极点。这种扩展源于以下递归关系的重复应用:

$$\Gamma(s+1)=s\Gamma(s)$$

Γ 函数与 B 函数的关系:

$$B(p,q)=\frac{\Gamma(p)\Gamma(q)}{\Gamma(p+q)} \quad (p>0,q>0)$$

5.10 拓展实例

下面将综合运用以上方法,在具体实例中体会 MATLAB 在处理定积分问题上提供的便利条件。

例 5-8 求函数 $F(a)=\int_{-a}^{a}\sin(ax)\sin\left(\dfrac{x}{a}\right)dx\,(a>0)$ 的最大值。

解:

```
syms a x;
assume(a>=0);            % 设置参数范围(a>=0)
% a=1 与 a~=1 时分别有两种情况
F = int(sin(a*x)*sin(x/a),x,-a,a)
```

$$
F = \begin{cases} 1 - \dfrac{\sin(2)}{2} & a = 1 \\[2ex] \dfrac{2a(\sin(a^2)\cos(1) - a^2\cos(a^2)\sin(1))}{a^4 - 1} & a \neq 1 \end{cases}
$$

```
F1 = piecewise(a == 1, 1 - sin(2)/2, a ~ = 1, (2 * a * (sin(a^2) * cos(1) - a^2 * cos(a^2) *
sin(1)))/(a^4 - 1))
```

$$
F1 = \begin{cases} \dfrac{4912087702119901}{9007199254740992} & a = 1 \\[2ex] \dfrac{2a\left(\dfrac{1216652631687587\sin(a^2)}{2251799813685248} - \dfrac{3789648413623927a^2\cos(a^2)}{450359927370496}\right)}{a^4 - 1} & a \neq 1 \end{cases}
$$

```
% 为了后续计算便利,先只考虑 a ~ = 1 的情况
assumeAlso(a ~ = 1);
F = int(sin(a * x) * sin(x/a), x, - a, a)
```

$$
F = \frac{2a(\sin(a^2)\cos(1) - a^2\cos(a^2)\sin(1))}{a^4 - 1}
$$

```
fplot(F,[0,10], 'linewidth',3)
xlabel('x'); ylabel('y');
hold on
Fa = diff(F,a)
```

$$
Fa = \frac{2\sigma_1}{a^4 - 1} + \frac{2a(2a\cos(a^2)\cos(1) - 2a\cos(a^2)\sin(1) + 2a^3\sin(a^2)\sin(1))}{a^4 - 1} - \frac{8a^4\sigma_1}{(a^4 - 1)^2}
$$

where

$$
\sigma_1 = \sin(a^2)\cos(1) - a^2\cos(a^2)\sin(1)
$$

本节程序还可以得到 F 的图形(如图 5-8 所示),根据 F 的图形,可以很清晰地看到 F 的最值分布情况及收敛情况,该函数的最大值点为区间 [1,2] 的极大值点。为了便于进一步确定,在该图上还可以绘制 F 一阶导数 Fa 的图形:

```
fplot(Fa,[0,10], '--','linewidth',2)
legend('F', 'Fa')
grid on
hold off
```

可以看出,F 的极值点恰为 Fa 的零点,这样在区间 [1,2] 内求 Fa 的根,即为区间 [1,2]
F 函数取极大值时 a 的取值:

```
a_max = vpasolve(Fa,a,[1,2])
```

$a\_max = 1.5782881585233198075558845180583$

```
% 将 a 的取值代入 F 函数,可得最大值点
F_max = vpa(subs(F,a,a_max))
```

$F\_max = 1.2099496860938456039155811226054$

```
vpa(int(sin(x) * sin(x),x, - 1,1))
```

$ans = 0.5453512865871591523019900670413$

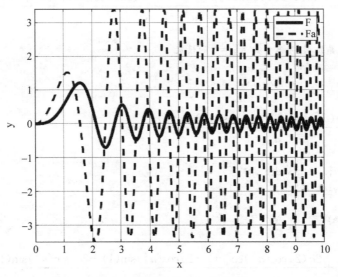

图 5-8　函数 F 与 Fa 的图形

最后对 $a=1$ 的情况进行验证,结果表明 $F(1)$ 不是最大值,从而确定在区间 $[1,2]$ 内的最大值就是函数在整个定义域内的最大值。

5.11　定积分的数值求解的补充说明

除了在正文部分提到的定积分的近似计算的方法,还有很多方法对定积分进行数值求解。下面介绍依赖 Lagrange 插值多项式的插值法求解定积分的数值解。

定义 5-6　设函数 $f(x)$ 在 $[a,b]$ 上的 $m+1$ 个互异点 $x_0,x_1,\cdots,x_m$ 上的函数值和若干阶导数值 $f^{(j)}(x_i)(i=0,1,2,\cdots,m;j=0,1,\cdots,n_i-1)$ 是已知的,这里

$$\sum_{i=0}^{m}n_i=n+1$$

若存在一个 n 次多项式 $p_n(x)$，满足如下插值条件

$$p_n^{(j)}(x_n) = f^{(j)}(x_i) \quad (i = 0, 1, 2, \cdots, m; \; j = 0, 1, 2, \cdots, n_i - 1)$$

则称 $p_n(x)$ 是 $f(x)$ 在 $[a, b]$ 上关于插值节点(一般简称节点) $x_0, x_1, \cdots, x_m$ 的 n 次插值多项式,而

$$r_n(x) = f(x) - p_n(x)$$

称为插值余项。

根据以上定义,介绍 Lagrange 插值法。

$$n_0 = n_1 = \cdots = n_m = 1, \quad m = n$$

这时 $n+1$ 个插值条件均为函数值而不包括导数值,即 $p_n(x)$ 满足

$$p_n(x_i) = f(x_i), \quad i = 0, 1, 2, \cdots, n$$

如果能找到一组 n 次多项式 $q_k(x), k = 0, 1, 2, \cdots, n$,满足

$$q_k(x_i) = \sigma_{ik}$$

这里

$$\sigma_{ik} = \begin{cases} 0, & i \neq k \\ 1, & i = k \end{cases}$$

取

$$q_k(x) = \frac{\displaystyle\prod_{\substack{i=0 \\ i \neq k}}^{n} (x - x_i)}{\displaystyle\prod_{\substack{i=0 \\ i \neq k}}^{n} (x_k - x_i)}, \quad k = 0, 1, 2, \cdots, n$$

于是就得到了 $f(x)$ 的 n 次插值多项式

$$p_n(x) = \sum_{k=0}^{n} f(x_k) \prod_{\substack{i=0 \\ i \neq k}}^{n} \frac{(x - x_i)}{(x_k - x_i)}$$

这就是 Lagrange 插值多项式。

则

$$\int_a^b f(x)\,\mathrm{d}x = \int_a^b p_n(x)\,\mathrm{d}x = \int_a^b \sum_{k=0}^{n} f(x_k) \prod_{\substack{i=0 \\ i \neq k}}^{n} \frac{(x - x_i)}{(x_k - x_i)}\,\mathrm{d}x = \sum_{k=0}^{n} f(x_k) \int_a^b \prod_{\substack{i=0 \\ i \neq k}}^{n} \frac{(x - x_i)}{(x_k - x_i)}\,\mathrm{d}x$$

取等分步长 $h = \dfrac{b - a}{n}$,则

$$x_k = x_0 + kh \quad (k = 0, 1, 2, \cdots, n)$$

作变换

$$t = \frac{x - x_0}{h}$$

则

$$\int_a^b \prod_{\substack{i=0 \\ i \neq k}}^n \frac{(x-x_i)}{(x_k-x_i)}\mathrm{d}x = h\int_0^n \prod_{\substack{j=0 \\ j \neq k}}^n \frac{t-j}{k-j}\mathrm{d}t = \frac{(-1)^{n-k}h}{(n-k)!\,k!}\int_0^n \prod_{\substack{j=0 \\ j \neq k}}^n (t-j)\,\mathrm{d}t \quad (k=0,1,2,\cdots,n)$$

这种方法通常称为 Newton-Cotes 公式。

根据上述公式,可编写函数程序 interpoly,用插值法求解定积分的数值解:

```
function I = interpoly(fun,a,b,n)
%  INTERPOLY 插值法求解定积分的数值解
%  输入参数:
%     ——fun:被积函数
%     ——a:积分下限
%     ——b:积分上限
%     ——h:等分步长
%  输出参数:
%     ——I:求解定积分的数值解
%  调用说明:
%  I = interpoly(fun,a,b,h):插值法求解定积分的数值解,待积分函数为 fun,积分区间为[a,b],等
%  分步长为 h

fun = matlabFunction(fun);
X = linspace(a,b,n+1);
Y = feval(fun,X);
I = 0;
for k = 1:n
    A = ( -1)^(n-k) * h/(factorial(n-k) * factorial(k));
    T = 1;
    syms t
    for j = 0:n
        T = T * (t-j);
    end
    T = T/(t-k);
    Ak = A * int(T,0,n);
    I = I + eval(Ak * Y(k));
end
```

例 5-9　用插值法求定积分 $\int_0^1 \dfrac{4}{1+x^2}\,\mathrm{d}x$ 的近似值。

解:

```
syms s x
fun = 4/(1 + x^2)
```

$$\text{fun} = \frac{4}{x^2+1}$$

```
format long
I = interpoly(fun,0,1,1/50)
```

$I = 3.165111293937786$

5.12　动手实践

请用 MATLAB 求解下列问题。

1. 依据右取法(矩形右上角与曲线刚好相交)编写矩形法求积分函数。

2. 计算下面函数的导数：$\lim\limits_{x \to 0} \dfrac{\displaystyle\int_{\cos x}^{1} e^{-t^2}\, dt}{x^2}$。

3. 计算无穷限区间的反常积分值 $\displaystyle\int_{a}^{+\infty} \dfrac{dx}{x^p}\,(a > 0)$。

4. 求解函数 $\displaystyle\int_{1}^{+\infty} \dfrac{1}{x^2}\, dx$。

5. 对函数 $f(x) = \dfrac{1}{1 + 25x^2}$ 进行拉格朗日插值,观察插值函数是否收敛于原函数。

第 6 章 定积分的应用

本章利用已习得的积分方面的 MATLAB 知识,结合教材例题来对一元定积分在几何、物理等方面的问题进行实际应用,并更深入地理解利用元素法将一般的实际问题转化为定积分问题的技巧。

6.1 本章目标

本章将练习以下内容:

(1) 求平面图形的面积,包括直角坐标,极坐标两种情况;

(2) 求立体图形的体积,包括旋转体,平行截面面积为已知的立体图形两种情况;

(3) 求平面曲线的弧长;

(4) 解决实际的物理问题,包括水压力,引力,变力做功等问题。

此外,还包括以下拓展部分相关的 MATLAB 知识:

(1) MATLAB 函数绘图;

(2) 对一类问题的通用函数的编写,如求单个曲线所形成的封闭区域的面积。

以上旨在提高读者对 MATLAB 知识与定积分知识的了解,并锻炼读者的上机编程能力与计算思维。为叙述方便,本章中的拓展部分以思考形式留在可作拓展的例题后,不另作拓展。

6.2 相关命令

下面介绍本章涉及的相关命令。

(1) sort:对数组元素进行排序。用法如下:

- B = sort(A):按升序对 A 的元素进行排序。如果 A 是向量,则 sort(A)对向量元素进行排序。

- B = sort(____,direction):使用上述任何语法返回按 direction 指定的顺序显示的 A 的有序元素。'ascend' 表示升序(默认值),'descend' 表示降序。

(2) linspace：生成线性等间距向量。用法如下：

- y = linspace(x1,x2)：返回包含 x1 和 x2 之间的 100 个等间距点的行向量。
- y = linspace(x1,x2,n)：生成 n 个点，这些点的间距为(x2−x1)/(n−1)。

linspace 类似于冒号运算符"："，但可以直接控制点数并始终包括端点。

(3) solve：求解方程和方程组。用法如下：

- S = solve(eqn,var)：求解关于变量 var 的方程 eqn。如果 equ 是表达式而非方程，则视作使表达式等于零的方程。如果不指定变量 var,将用 symvar 函数确定要求解的变量。例如,solve(x+1==2,x)将会对 x+1=2 求解。
- S = solve(eqn,var,name,value)：使用一个或多个 name 与 value 对求解方程加以限制。例如,solve(x^5−3125,x,'Real',true)将仅给出方程的实根。

(4) polarplot：在极坐标中绘制线条。用法如下：

polarplot(theta,rho)：在极坐标中绘制线条,theta 表示弧度角,rho 表示每个点的半径值,两者是长度相等的向量或大小相等的矩阵。

(5) fimplicit：绘制隐函数图形。用法如下：

- fimplicit(f)：在默认区间[−5,5]上(对于 x 和 y)绘制 f(x,y) = 0 定义的隐函数图形。f 是句柄或符号表达式。
- fimplicit(f,interval) 为 x 和 y 指定绘图区间。interval 是指定区间上下界的向量。

(6) fill：填充二维多边形。用法如下：

- fill(X,Y,C)：根据向量 X 和 Y 中的数据创建填充的多边形。X,Y 由若干个顶点的横坐标、纵坐标组成。fill 可将最后一个顶点与第一个顶点相连以闭合多边形。C 指 Colorspec,用于指定颜色,最简单的指定方式为使用色彩短名称,如表 6-1 所示。

表 6-1　fill 函数中各种颜色的标识符

颜　　色	短　名　称	颜　　色	短　名　称
黄色	y	绿色	g
品红	m	蓝色	b
青色	c	白色	w
红色	r	黑色	k

例如,fill([0 2 1],[0 0 2],'r')表示用红色填充一个三角形。

(7) fill3：填充三维多边形。用法类似 fill。

(8) mesh：绘制三维网格图。用法如下：

- mesh(X,Y,Z)：用 X,Y,Z 向量代表的三维坐标值对应的点绘制网格图,常配合 meshgrid 使用。

(9) meshgrid：返回二维和三维网格坐标。用法如下：

- [X,Y] = meshgrid(x,y)：基于向量 x 和 y 中包含的坐标返回二维网格坐标。X 是一个矩阵,每一行是 x 的一个副本；Y 也是一个矩阵,每一列是 y 的一个副本。坐标 X 和 Y 表示的网格有 length(y)个行和 length(x)个列。例如：

$x = 1 : 3; y = 1 : 2; [X,Y] = \text{meshgrid}(x,y)$

X =

    1   2   3

    1   2   3

Y =

    1   1   1

    2   2   2

（10）surf：绘制三维曲面图。用法如下：

- surf(X,Y,Z)：用 X,Y,Z 向量代表的三维坐标值对应的点绘制网格图，常配合 meshgrid 使用。

（11）contour3：绘制三维等高线。用法如下：

- contour3(X,Y,Z,n)：X,Y,Z 向量代表所有点的三维坐标值，该函数将在三维视图中以 n 个等高线层级绘制关于 Z 的等高线图。

（12）text：向数据点添加文本说明。用法如下：

- text(x,y,txt)：使用由 txt 指定的文本，向当前坐标区中的一个或多个数据点添加文本说明。若要将文本添加到一个点，需将 x 和 y 指定为以数据单位表示的标量。若要将文本添加到多个点，需将 x 和 y 指定为长度相同的向量。
- text(x,y,z,txt)：在三维坐标中定位文本。

（13）shading：设置颜色着色属性。用法如下：

- shading flat：每个网格线段和面具有恒定颜色，该颜色由该线段的端点或该面的角边处具有最小索引的颜色值确定。
- shading faceted：具有叠加的黑色网格线的单一着色，这是默认的着色模式。
- shading interp：通过在每个线条或面中对颜色图索引或真彩色值进行插值来改变该线条或面中的颜色。

（14）alpha：向坐标区中的对象添加透明度。用法如下：

- alpha value：为当前坐标区中支持透明度的图形对象设置面透明度。将 value 指定为介于 0（透明）和 1（不透明）之间的标量值。

6.3　定积分在几何学上的应用

6.3.1　平面图形的面积

1. 直角坐标情形

例 6-1　计算由两条抛物线 $y^2 = x$ 与 $y = x^2$ 所围成的图形的面积。

解：可以先用 solve 函数求出要考查的图形所在的区间，并利用 plot 函数绘制出函数图形并进一步观察：

```
clear
syms x y;
eq1 = x^2 - y;
eq2 = x - y^2;
[xsol,ysol] = solve(eq1,eq2,'Real',1);        %解出实交点
Mx = max(xsol); mx = min(xsol);
My = max(ysol); my = min(ysol);               %确定区间
hold on, grid on
%隐函数绘图使用 fimplicit 函数
fimplicit(eq2,'-','DisplayName','y^2 = x');
xlabel('x'), ylabel('y')
fplot(x^2,'--','DisplayName','y = x^2')        %也可以使用 fimplicit(eq1)
%指定视图范围
axis(double([mx-(Mx-mx) Mx+(Mx-mx) my-(My-my) My+(My-my)]))
% 下面给要考查的封闭区域上色
X1 = mx:0.01:Mx; X2 = Mx:-0.01:mx;
%确定若干个有顺序的点,构成多边形
Y1 = X1.^2; Y2 = sqrt(X2);
%用青色给多边形填充
fill([X1,X2],[Y1,Y2],'c','DisplayName','封闭区域')
Legend
%标记交点
for k = 1:length(xsol)
text(ysol(k),xsol(k), ['(',char(xsol(k)),',',char(ysol(k)),')']);
end
hold off
```

运行本节程序，可以得到如图 6-1 所示的函数图形。接着可以利用公式 $\int_0^1 (\sqrt{x} - x^2)\,\mathrm{d}x$ 求出考查区域的面积：

```
S = int(sqrt(x)-x^2, x, mx, Mx)
```

$$S = \frac{1}{3}$$

运行后得到结果为 $S=1/3$，即面积为 $\frac{1}{3}$。

思考 6-1 如果进一步研究这一类问题，想计算出由若干条曲线围成的封闭图形的面积，那是否能找到一个通用函数，使其满足这一想法呢？

可以先研究一个简单的问题：如何计算任意两条函数曲线围成的封闭图形的面积？

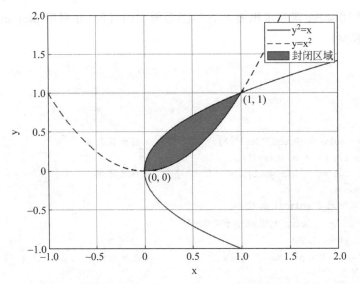

图 6-1　两条抛物线 $y^2 = x$ 与 $y = x^2$ 所围成的图形

　　理所当然地能想到,只需要将两个函数表达式作差后取绝对值即可。可以把计算过程分解为两步:①找出需要考查的区间;②将差值取绝对值后在给定区域上积分。根据这一思路,不难写出如下函数:

```
function S = AreaTwoCurve(f1, f2, x)
% AreaTwoCurve 求两条曲线围成的封闭区域的面积
% 输入参数:
% －－－f1,f2:关于同一自变量的两个函数的符号表达式
% －－－x:符号自变量
% 输出参数:
% －－－S:面积
% 调用说明:
% S = AreaTwoCurve(f1, f2, x):计算 f1,f2 两条曲线围成的封闭图形的面积,
%                            其中 x 为自变量,在只有一个符号变量时可省略

S = 0;
if nargin == 2
x = union(symvar(f1), symvar(f2));
        if length(x) > 1
            error('未指定自变量')
        end
elseif nargin ～= 3
        error('输入参数过多或不足')
end
xsol = sort(double(solve(f1 - f2,x,'real',1)));       % 解出交点的横坐标
for k = 1 : length(xsol) - 1
S = S + abs(int(f1 - f2,x,xsol(k),xsol(k + 1)));       % 在每个区间内分别计算并累加
end
```

试着利用此函数计算函数 $y=x^3-3x$ 与 $y=0$ 围成封闭区域的面积（如图 6-2 所示）：

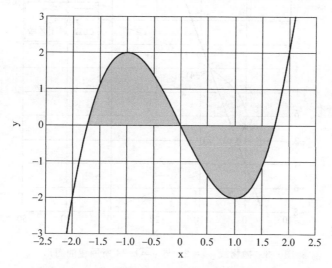

图 6-2 函数 $y=x^3-3x$ 与 $y=0$ 所围成的图形

```
clear
syms x
S = AreaTwoCurve(x^3 - 3 * x, 0, x)
```

$$S = \frac{9}{2}$$

这正是实际的结果。

但此程序依然无法求解类似如下的问题：

例 6-2 计算抛物线 $y^2=2x$ 与 $y=x-4$ 所围成的图形的面积。

解：同样做类似的分析，得到的图形如图 6-3 所示，并得到横坐标区间为 $[2,8]$，纵坐标区间为 $[-2,4]$。接着便可以利用公式

$$\int_{-2}^{4}\left(y+4-\frac{y^2}{2}\right)\mathrm{d}y$$

求出考查区域的面积：

```
clear
syms y
S = int(y + 4 - y^2/2, -2, 4)
```

$$S = 18$$

即面积为 18。

思考 6-2 通用函数 AreaTwoCurve 无法用于这样的两条曲线，究其原因，是因为要计

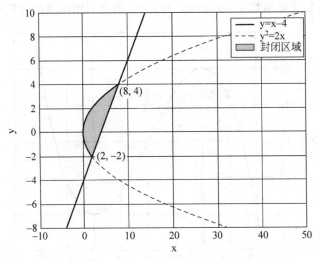

图 6-3　抛物线 $y^2 = 2x$ 与 $y = x - 4$ 所围成的图形

算的图形的左上部分是由隐函数曲线 $y^2 = 2x$ 绘成的,对相同的 x, y 却不唯一,没法转换成 AreaTwoCurve 要求的格式。要解决这个问题,一个自然的思路是寻找新的自变量。不难想到可以利用参数方程。例 6-2 中,抛物线 $y^2 = 2x$ 可以表示为:

$$\begin{cases} x = \dfrac{t^2}{2} \\ y = t \end{cases} \quad (t \text{ 为参数}, t \in \mathbf{R})$$

此时 t,也即 y 便是寻找的自变量,这也是解决例 6-2 的方法。

现在来研究这样一种简化情况,当两条曲线满足这样的条件:

(1) 它们可以由同一个独立变量 t 描述;

(2) 每个交点处,两条曲线上对应的 t 相同。

此时,能否编写出计算封闭区域面积的通用函数?

从寻找面积元入手。假设如图 6-4 所示的曲线 L_1 与曲线 L_2 是两条通过参数方程绘制的曲线,图上四条直线连接了两条曲线上四对参数 t 相同的点。在 $t = t_3$ 处取微小变化 Δt,绘制出第五条直线 $t = t_3 + \Delta t$。$l_1 \sim l_4$ 是连接端点所成的直线。显然,$t = t_3$ 处的面积元就是图中阴影部分的面积 ΔS,其被分割为 ΔS_1 与 ΔS_2(如图 6-5 所示),故阴影部分面积可表示为:

$$\Delta S = \Delta S_1 + \Delta S_2$$

通过向量相关知识可得:

$$\Delta S_1 = \frac{1}{2} \begin{vmatrix} x_2(t) - x_2(t + \Delta t) & y_2(t) - y_2(t + \Delta t) \\ x_2(t) - x_1(t) & y_2(t) - y_1(t) \end{vmatrix}$$

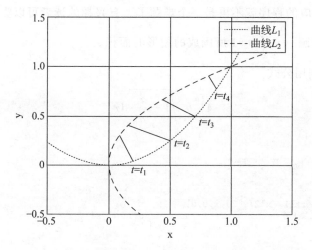

图 6-4　参数曲线 L_1 与曲线 L_2 所围图形示意图

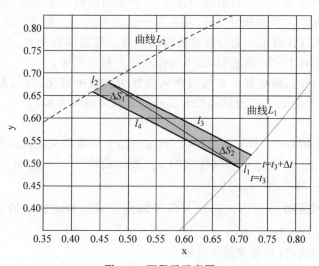

图 6-5　面积元示意图

$$\Delta S_2 = \frac{1}{2} \begin{vmatrix} x_1(t+\Delta t) - x_1(t) & y_1(t+\Delta t) - y_1(t) \\ x_1(t+\Delta t) - x_2(t+\Delta t) & y_1(t+\Delta t) - y_2(t+\Delta t) \end{vmatrix}$$

进一步计算可得:

$$S = \left| \sum (\mathrm{d}S_1 + \mathrm{d}S_2) \right|$$

$$= \frac{1}{2} \left| \int_{t_{初}}^{t_{末}} \left\{ \left[x_1'(t) + x_2'(t) \right] \cdot \left[y_1(t) - y_2(t) \right] - \left[y_1'(t) + y_2'(t) \right] \cdot \left[x_1(t) - x_2(t) \right] \right\} \mathrm{d}t \right|$$

容易验证,当 $y_1(t) = y_2(t) = t = y$ 时(例 6-2 的情况),上式退化为:

$$\Delta S = \left| \int_{y_{初}}^{y_{末}} \left[x_1(y) - x_2(y) \right] \mathrm{d}y \right|$$

至此，要编写对应的程序就不再是一个难题了。有兴趣的读者可以尝试编写此函数。

例 6-3　计算椭圆 $\dfrac{x^2}{a^2}+\dfrac{y^2}{b^2}=1$ 所围成的图形的面积。

解：可以直接利用公式

$$4\int_0^a b\sqrt{1-\dfrac{x^2}{a^2}}\,\mathrm{d}x$$

求出答案：

```
clear
syms x a b;
S = 4 * int(b * sqrt(1 - x^2/a^2),x,0,a)
```

$S = \pi a b$

即面积为 $\pi a b$。

思考 6-3　能否编写一个类似的通用程序，求单个封闭曲线围成的图形的面积？

一个思路是，取定 x 作为积分变量，则在每一个 $x=x_0$ 上，曲线必过偶数个点，要么便是过奇数个点，但在其任意小的去心邻域范围内都有一处过偶数个点，否则曲线将不闭合。假设为偶数时，交点共 $2k$ 个，奇数时，则可视作存在一对相同解。

若将相邻的点相连，则必有 k 条线段落入曲线所围成的封闭图形，此时，(落入封闭图形的线段总长 $\mathrm{d}x$)就是 $x=x_0$ 处的面积元。经过求和可得到答案。

具体步骤如下：

第一步，对定义域 $[a,b]$ 作 n 等分(可以通过增加 n 的取值来提高结果的精度)，端点为 $a=x_0<x_1<\cdots<x_{n-1}<x_n=b$，对任意的 x_i，找出曲线在 $x=x_i$ 处所有点的纵坐标值 $\{y_j^i\}(j=1,2,3,\cdots,2k_i)$，且 $y_{2k_i}^i>y_{2k_i-1}^i>\cdots>y_1^i$。

第二步，对一列区间 $\{[y_j,y_{j+1}]\}$，只留下其内点属于封闭区域的区间，即 $[y_1^i,y_2^i]$，$[y_3^i,y_4^i]$，$[y_5^i,y_6^i]$，$\cdots$，$[y_{2k_i-1}^i,y_{2k_i}^i]$。

第三步，计算下式，得到要求的数值解。

$$\sum_{i=1}^n\sum_{m=1}^{k_i}(y_{2m}^i-y_{2m-1}^i)\cdot\dfrac{b-a}{n}$$

至此，可以编写如下代码：

```
function S = AreaOneCurve (varargin)
% AreaOneCurve 求一条曲线围成的平面封闭区域的面积
% 输入参数：
%  ---fun:函数的符号表达式
%  ---x,y:符号自变量
%  ---a:区间下界
%  ---b:区间上界
%  ---n:计算精度
```

```
% 输出参数:
%   -- -S:面积
% 调用说明:
% S = AreaOneCurve(fun,a,b):最简参数,默认 n = 500,X 与 Y 为 symvar 返回的结果
% S = AreaOneCurve(fun,x,y,a,b,n):最全参数,在 x 的区间[a,b]上以精度 n 计算面积
args = varargin;
fun = args{1};
n = 500;
var = symvar(fun); x = var(1); y = var(2);
switch nargin                                    % 分配参数
    case 3
        [a,b] = args{2:3};
    case 4
        [a,b,n] = args{2:4};
    case 5
        [x,y,a,b] = args{2:5};
    case 6
        [x,y,a,b,n] = args{2:6};
    otherwise
        error('输入参数过多或不足')
end
% 下面进行计算,为提高运算速度,全部使用矩阵计算而不是循环
X = sym(zeros(1,n+1));
d = (b-a)/n; D = 0:n;
X = a + d. * D;                                  % 划分区间
sol = solve(fun,y);                              % 解出交点
Y = vpa(simplify(subs(sol,x,X)));                % 把横坐标值代入解的表达式得交点
Y(abs(imag(Y))>= eps) = 0;                       % 排除虚数,把一对虚根设为一对零
Y = sort(Y);                                     % 在 Y 的每列内排序
S = d * (sum(sum(Y(2:2:end,:))) - sum(sum(Y(1:2:end,:))));    % 代入最终求和式
```

  MATLAB 的优势是矩阵运算,所以能不写循环就不要写循环,这样的程序运行最快。此函数若使用循环来对下面的例子计算,运算时间可能会延长一倍或更多。

  对椭圆与四叶玫瑰线图形(如图 6-6 所示)作验证的结果如下:

```
clear
syms a b positive
% 用 positive 标识限定 a,b 的属性为正数
syms x y
% 理论值 pi * a * b = 3.141592… * a * b
S = AreaOneCurve(x^2/a^2 + y^2/b^2 - 1,x,y, - a,a)
```

$$S = 3.1252951875075413919059722918199\ a\ b$$

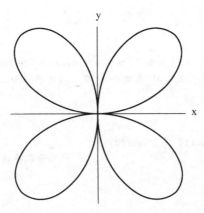

图 6-6　四叶玫瑰线：直角坐标方程$(x^2+y^2)^3-4x^2y^2=0$

```
syms x y
% S 理论值为 pi/2 = 1.570796…
S = AreaOneCurve((x^2 + y^2)^3 − 4 * x^2 * y^2,x,y,−1,1)
```

$S = 1.5706133114294084441206437623 79$

这里只是简单地使用矩形法来计算，所以结果会有较大的误差。如果进行若干次外推，或使用 Simpson 公式、Cotes 公式计算，可以得到更加精确的结果（修改代码也并不麻烦）。以 Simpson 法为例，以下是 n 相同下，使用 Simpson 法计算上面两个图形面积的结果：

```
clear
syms a b positive;
syms x y;
S = AreaOneCurveSimpson(x^2/a^2 + y^2/b^2 − 1,x,y,− a,a)
```

$S = 3.1308097848236783659121643701952ab$

```
syms x y;
S = AreaOneCurveSimpson((x^2 + y^2)^3 − 4 * x^2 * y^2,x,y,−1,1)
```

$S = 1.5707071313522372586110791393317$

2. 极坐标情形

对于一个由 $\rho(\theta)$，$\theta=\alpha$ 与 $\theta=\beta$ 围成的曲边扇形，由曲边扇形的面积元为：

$$dA = \frac{1}{2}\left[\rho(\theta)\right]^2 d\theta$$

从而可以在闭区间 $[\alpha,\beta]$ 上作定积分，便得所求曲边扇形的面积为：

$$A = \int_{\alpha}^{\beta} \frac{1}{2} \left[\rho(\theta) \right]^2 d\theta$$

例 6-4 计算阿基米德螺线

$$\rho = a\theta (a > 0)$$

上相应于 θ 从 0 变到 2π 的一段弧与极轴所围成的图形的面积。

解：先画出待求面积的图形（暂定 $a=1$）：

```
clear
T = 0:0.01:2 * pi;
polarplot(T,T)
```

得到如图 6-7 所示的函数图形。

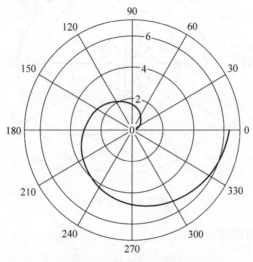

图 6-7　阿基米德螺线

再计算 θ 从 0 变到 2π 的一段弧与极轴所围成的图形的面积：

```
syms a positive
syms t
S = int(1/2 * (a * t)^2,t,0,2 * pi)
```

$$S = \frac{4a^2\pi^3}{3}$$

故面积为 $\frac{4}{3}a^2\pi^3$。

例 6-5 计算心形线

$$\rho = a(1 + \cos\theta) \quad (a > 0)$$

所围成的图形的面积。

解：先画出待求面积的图形(暂定 $a=1$)：

```
clear
T = 0:0.01:2 * pi;
R = (1 + cos(T));
polarplot(T,R)
```

得到如图 6-8 所示的函数图形。

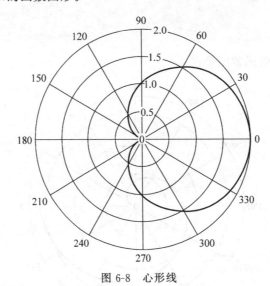

图 6-8　心形线

再计算其所围成的图形的面积：

```
syms a positive
syms t
S = 2 * int(1/2 * (a * (1 + cos(t)))^2,t,0,pi)
```

$$S = \frac{3\pi a^2}{2}$$

故面积为 $\frac{3}{2}a^2\pi$。

思考 6-4　极坐标下计算封闭区域面积的思路是类似的,有兴趣的读者可以自行编写。

6.3.2　体积

1. 旋转体的体积

旋转体就是由一个平面图形绕这个平面内的一条直线旋转一周而成的几何体。

　　一个旋转体若是由连续曲线 $y=f(x)$、直线 $x=a$，$x=b$ 及 x 轴所围成的曲边梯形绕 x 轴旋转一周而成的几何体，那么可记体积元素为

$$dV = \pi \left[f(x) \right]^2 dx$$

便得所求旋转体的体积为

$$V = \int_a^b \pi \left[f(x) \right]^2 dx$$

　　例 6-6　连接坐标原点 O 及点 $P(h,r)$ 的直线、直线 $x=h$ 及 x 轴围成一个直角三角形。将它绕 x 轴旋转一周，构成一个底面半径为 r、高为 h 的圆锥体。计算该圆锥体的体积。

　　解：要绘制旋转体的图形，MATLAB 已经内置了 cylinder 函数供使用，它的用法如下：

　　(1) $[X,Y,Z]$＝cylinder(r,n)：使用 r 定义剖面曲线以返回圆柱的 x、y 和 z 坐标。对单位高度做 length(r)−1 等分，cylinder() 将 r 中的每个元素视为沿旋转轴方向每一个等分点处的半径长。同一高度处，该图形绕其周长又有 n 个等距点。

　　(2) $[X,Y,Z]$＝cylinder(r) 或 $[X,Y,Z]$＝cylinder：此形式为默认 n＝20 且 r＝$[1,1]$。

　　由于 cylinder 生成的旋转体总是绕 z 轴旋转，且高度总是只有 1，所以常常需要进行适当的调整。故绘制该旋转体图形的代码如下（暂定 $h=4$，$r=3$）：

```
clear
h = 4; r = 3;
[Y,Z,X] = cylinder([0,r]);
mesh(h. * X,Y,Z)
xlabel('x'), ylabel('y'), zlabel('z')
```

运行程序，得到如图 6-9 所示的旋转体。要计算其体积，代入其体积公式

$$V = \int_0^h \pi \left(\frac{r}{h} x \right)^2 dx$$

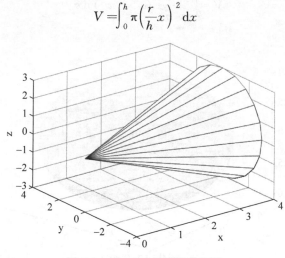

图 6-9　例 6-6 中的旋转体图形

代码为：

```
syms x h r
V = int(pi * (r/h * x)^2,x,0,h)
```

$$V = \frac{\pi h r^2}{3}$$

即面积为$\frac{\pi h r^2}{3}$。

例 6-7 计算椭圆

$$\frac{x^2}{a^2} + \frac{y^2}{b^2} = 1$$

所围成的图形绕 x 轴旋转一周而成的旋转体(即旋转椭球体)的体积。

解：绘制旋转体的图形与例 6-6 类似(暂定 $a=2,b=1$)：

```
clear
a = 2; b = 1;
X = - a:0.01:a;
R = b/a. * sqrt(a^2 - X.^2);
[Y,Z,X] = cylinder(R,50);
mesh(2 * a. * (X - 1/2),Y,Z)
xlabel('x'), ylabel('y'), zlabel('z')
```

运行程序,得到如图 6-10 所示的旋转体。要计算该旋转体的体积,只需要将参数代入其体积计算公式：

$$V = \int_{-a}^{a} \frac{\pi b^2}{a^2}(a^2 - x^2)\,\mathrm{d}x$$

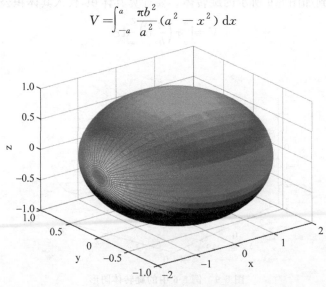

图 6-10 例 6-7 中的旋转体图形

代码为：

```
syms a b positive
syms x
V = int(pi * b^2/a^2 * (a^2 - x^2),x, - a,a)
```

$$V = \frac{4\pi ab^2}{3}$$

即面积为 $V = \frac{4}{3}\pi ab^2$。

例 6-8 计算由摆线 $x = a(t - \sin t)$，$y = a(1 - \cos t)$ 相应于 $0 \leqslant t \leqslant 2\pi$ 的一拱与直线 $y = 0$ 所围成的图形分别绕 x 轴、y 轴旋转而成的旋转体的体积。

解：以绕 x 轴为例。对于参数方程，绘制办法只有手动定义点集。若使用 cylinder 函数，则难以在 x 轴上取等距点：

```
clear
t = linspace(0,2 * pi,100);
x = t - sin(t);
y = 1 - cos(t);
alpha = linspace(0,2 * pi,40);
X = x' * ones(1,40);
% 扩大 x,使与 Y,Z 大小相同
Y = y' * cos(alpha);
Z = y' * sin(alpha);
mesh(X,Y,Z)
xlabel('x'), ylabel('y'), zlabel('z')
axis equal
```

运行程序，得到如图 6-11 所示的旋转体。要计算该旋转体的体积，只需要将参数代入其体积计算公式：

$$V = \int_0^{2\pi} \pi y^2(t) x'(t)\, dt = \int_0^{2\pi} a^2(1 - \cos t)^2 \cdot a(1 - \cos t)\, dt$$

代码为：

```
syms a positive
syms t
V = int(pi * a^3 * (1 - cos(t))^3,t,0,2 * pi)
```

$$V = 5a^3\pi^2$$

即面积为 $5\pi^2 a^3$。

绕 y 轴旋转的情形此处从略。

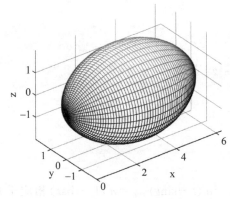

图 6-11　例 6-8 中的旋转体图形

2. 截面面积为已知的立体的体积

如果已知某个立体上垂直于一定轴的截面的面积,那么这个立体的体积也可以用定积分来计算。对于该轴是 x 轴的情况,若考查区间 $[a,b]$,以 $A(x)$ 表示过点 x 且垂直于 x 轴的截面面积,那么面积元就可以表示为

$$\mathrm{d}V = A(x)\,\mathrm{d}x$$

在区间 $[a,b]$ 上做定积分,便得到所求立体的体积

$$V = \int_a^b A(x)\,\mathrm{d}x$$

例 6-9　一平面经过半径为 R 的圆柱体的底圆中心,并与底面交成角 α,计算该平面截圆柱体所得立体的体积。

解:首先绘制该立体的空间图形(暂定 $\alpha = 30°$,$R = 1$):

```
% 分为三个面逐个绘制
clear
R = 1; alp = pi/6;
t = linspace(0, pi, 100);
x1 = R * cos(t);
y1 = R * sin(t);
z1 = zeros(1,100);
% 绘制底面
fill3(x1,y1,z1,'c')
z2 = y1 .* tan(alp);
hold on, grid on
% 绘制上表面
fill3(x1,y1,z2,'c')
% 绘制侧面
fill3([x1 fliplr(x1)],[y1 fliplr(y1)],[z1 fliplr(z2)],'c')
N = 30;
```

```
% 任取一个截面,并绘制
fill3([x1(N) x1(N) x1(N)],[0 y1(N) y1(N)],[0 0 z2(N)],'b');
% 调整透明度
alpha(.5);
xlabel('x'), ylabel('y'), zlabel('z')
axis equal
hold off
```

运行程序,得到如图 6-12 所示的立体。要计算该立体的体积,只需要将参数代入其体积计算公式:

$$V = \int_{-R}^{R} \frac{1}{2}(R^2 - x^2)\tan\alpha\,\mathrm{d}x = \int_0^R (R^2 - x^2)\tan\alpha\,\mathrm{d}x$$

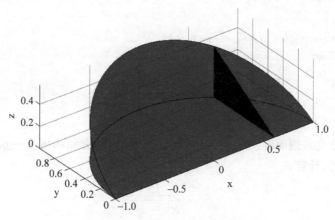

图 6-12 例 6-9 中的立体图形

代码为:

```
syms R alpha x
V = int((R^2 - x^2) * tan(alpha),x,0,R)
```

$$V = \frac{2R^3\tan(\alpha)}{3}$$

即体积为 $\frac{2}{3}R^3\tan\alpha$。

例 6-10 求以半径为 R 的圆为底,平行且等于底圆直径的线段为顶,高为 h 的正劈锥体的体积。

解:绘制该立体的空间图形(暂定 $h=1$,$R=1$):

```
% 分为三个面逐个绘制
clear
```

```
R = 1; h = 1;
t = linspace(0, 2 * pi,100);
[X,Z] = meshgrid( - R:0.01:R,0:0.01:h);
Y = (1 - Z./h). * sqrt(R^2 - X.^2);
s2 = surf(X,Y,Z);                    % 绘制左侧面
hold on, grid on
s3 = surf(X, - Y,Z);                 % 绘制右侧面
% 修改阴影模式
shading interp
N = 3000;
% 绘制截面
S = fill3([X(N) X(N) X(N)],[sqrt(1 - X(N)^2) - sqrt(1 - X(N)^2) 0],[0 0 h],'b');
% 调整透明度
alpha(.7)
% 绘制底面
s1 = fill3(R * cos(t),R * sin(t),zeros(1,100),'c');
xlabel('x'), ylabel('y'), zlabel('z')
axis equal
hold off
```

运行程序,得到如图 6-13 所示的立体。说明两点:

(1) 之所以分左右侧面两次绘制,而不是一次得出,是有原因的。一次得出固然快,但在 x 趋近于 ± 1 时,计算式

$$z = \frac{h - |y|h}{\sqrt{R^2 - x^2}}$$

将趋向无穷大。在舍去平面 $z=0$ 以下的点后,将得到图 6-14,这显然是不完美的。

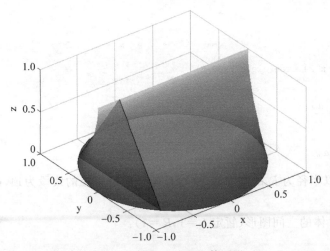

图 6-13　例 6-10 中的立体图形

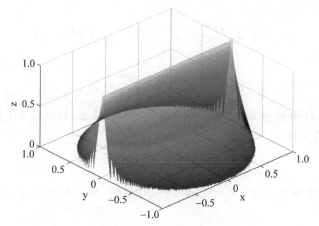

图 6-14 取点密度低的图形

（2）在取点密度较高时，可以调整阴影模式来隐藏过于密集的网格，以取得更好的效果。
要计算该立体的体积，只需要将参数代入其体积计算公式：

$$V = h \int_{-R}^{R} \sqrt{R^2 - x^2} \, \mathrm{d}x$$

代码为：

```
syms R h x;
V = int(h * sqrt(R^2 - x^2), x, - R, R)
```

$$V = \frac{\pi R^2 h}{2}$$

即体积为 $\dfrac{\pi R^2 h}{2}$。

6.3.3 平面曲线的弧长

对一般的曲线弧可以任取分点 M_i

$$\lim_{n \to \infty} \sum_{i=1}^{n} |M_{i-1} M_i|$$

当上述极限存在时，可用上式求弧的长度。

对于光滑的曲线弧，若其由参数方程

$$\begin{cases} x = \varphi(t) \\ y = \psi(t) \end{cases} \quad (\alpha \leqslant t \leqslant \beta)$$

描述，其中 $\varphi(t)$、$\psi(t)$ 在 $[\alpha, \beta]$ 上具有连续导数，且两式的导数不同时为零，那么弧长元可

表示为

$$ds = \sqrt{(dx)^2 + (dy)^2} = \sqrt{\varphi'^2(t) + \psi'^2(t)}\, dt$$

于是所求弧长为

$$s = \int_\alpha^\beta \sqrt{\varphi'^2(t) + \psi'^2(t)}\, dt$$

当曲线弧可由直角坐标方程 $y = f(x)(a \leqslant x \leqslant b)$ 描述，且 $f(x)$ 在 $[a,b]$ 上具有一阶连续导数，所求弧长为

$$s = \int_a^b \sqrt{1 + y'^2}\, dx$$

当曲线弧可由极坐标方程 $\rho = \rho(\theta)(\alpha \leqslant \theta \leqslant \beta)$ 描述，且 $\rho(\theta)$ 在 $[\alpha,\beta]$ 上具有一阶连续导数，所求弧长为

$$s = \int_a^b \sqrt{\rho^2(\theta) + \rho'^2(\theta)}\, d\theta$$

例 6-11 计算曲线 $y = \dfrac{2}{3} x^{\frac{3}{2}}$ 上相应于 $a \leqslant x \leqslant b$ 的一段弧线的长度。

解：取 $[0,6]$ 的一段区间绘图，并计算出弧线长度：

```
clear
syms x y a b;
assume(a>=0 & a<b);
% 规定a非负且小于b
y = 2/3.*x.^(3/2);
X = 0:.01:6;
Y = subs(y,x,X);
plot(X,Y)
grid on, axis equal
xlabel('x'), ylabel('y')
```

运行程序，得到如图 6-15 所示的弧线。然后计算该弧线的弧长：

```
int(sqrt(1+diff(y,x)^2),x,a,b)
```

$$\text{ans} = \frac{2(b+1)^{3/2}}{3} - \frac{2(a+1)^{3/2}}{3}$$

思考 6-5 编写一个供极坐标与直角坐标，普通方程与参数方程共用的通用程序，可行吗？

```
Function [L,vararout] = arc(varargin)
% ARC 求极坐标或直角坐标下曲线弧的弧长，
%     如果表达式与区间不包含第三个符号变量,则把它绘制出来
```

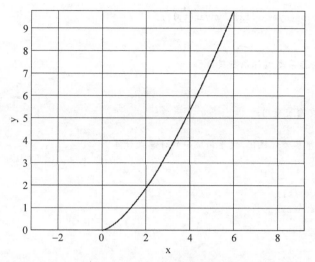

图 6-15 例 6-11 中的弧线图形

```
% 输入参数:
%    ---fx,fy:直角坐标系下曲线的参数方程
%    ---f:直角坐标系或极坐标下曲线的普通方程
%    ---a,b:积分下限与上限
%    ---'p','d','dp':即 polar,dicarl,dicarlparametric,指定坐标系类型
% 输出参数:
%    ---L:弧长
%    ---Arc:绘制的弧线的句柄
% 调用说明:
% [L,Arc] = arc(f,t,a,b,'p'):极坐标情形,这里的 t 代表角度
% L = arc(f,t,a,b,'d'):直角坐标情形之一,这里的 t 代表横坐标
% L = arc(fx,fy,t,a,b,'dp'):直角坐标情形之二,参数方程,t 代表参数
% 以及以上调用中,省略指定自变量的形式

args = varargin;
[a,b] = args{end-2:end-1};
t = args{end-3};
%分配参数
switch args{end}
    case {'p', 'd'}
        f = args{1};
        if nargin == 4
            t = symvar(f);
        end
    case 'dp'
        [fx,fy] = args{1:2};
        if nargin == 4
```

```
            t = union(symvar(fx),symvar(fy));
        end
    otherwise
        error('坐标系类型标识有误')
end
if length(t) > 1
    error('未指定自变量');
end
%将输入函数全部参数方程化,便于用统一的计算式计算
switch args{end}
    case 'p'
        fx = f * cos(t);
        fy = f * sin(t);
    case 'd'
        fx = t;
        fy = f;
end
%以下,绘制曲线
if length(union(symvar(fx),symvar(fy))) == 1 && isempty(symvar(a)) && isempty(symvar(b))
    T = a:.01:b;
    arc = plot(subs(fx,t,T),subs(fy,t,T));              %画图
    grid on,axis equal
    x1 = subs(fx,t,a);
    y1 = subs(fy,t,a);
    x2 = subs(fx,t,b);
    y2 = subs(fy,t,b);
    text(x1,y1,['(',char(x1),',',char(y1),')']);
    text(x2,y2,['(',char(x2),',',char(y2),')']);        %标记始点与末点
end
%计算,并输出
L = simplify(int(sqrt(diff(fx,t)^2 + diff(fy,t)^2),t,a,b));
if nargout == 2
    vararout = arc;
end
```

对上例验证:

```
clear
syms x a b
L = arc(2/3. * x.^(3/2),a,b,'d')
```

$$L = \frac{2(b+1)^{3/2}}{3} - \frac{2(a+1)^{3/2}}{3}$$

其余的验证直接在下面两例中进行。

例 6-12 计算摆线

$$\begin{cases} x = a\,(\theta - \sin\theta) \\ y = a\,(1 - \cos\theta) \end{cases}$$

的一拱($0 \leqslant \theta \leqslant 2\pi$)的长度。

解：使用已定义好的函数 arc 进行计算：

```
clear
syms a positive, syms t
L = arc(a * (t - sin(t)), a * (1 - cos(t)), t, 0, 2 * pi, 'dp')
```

$$L = 8a$$

即结果为 $8a$。若定 $a = 1$，则可绘制出曲线弧，如图 6-16 所示。

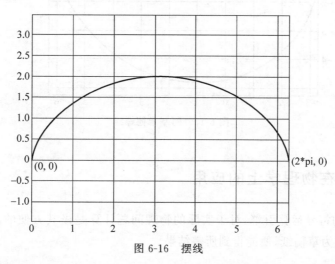

图 6-16　摆线

例 6-13 求阿基米德螺线

$$\rho = a\theta \quad (a > 0)$$

相应于 $0 \leqslant \theta \leqslant 2\pi$ 一段的弧长。

解：使用已定义好的函数 arc 进行计算：

```
clear
syms a positive, syms t
L = arc(a * t, t, 0, 2 * pi, 'p')
```

$$L = a \int_0^{2\pi} \sqrt{t^2 + 1}\, dt$$

```
a * int((t^2 + 1)^(1/2), t, 0, 2 * pi)
```

$$\text{ans} = a\left(\frac{\text{asinh}(2\pi)}{2}+\pi\sqrt{4\pi^2+1}\right)$$

即结果为$\dfrac{a}{2}\sinh^{-1}2\pi+\pi\sqrt{4\pi^2+1}$，此结果与$\dfrac{a}{2}\left[2\pi\sqrt{1+4\pi^2}+\ln\left(2\pi+\sqrt{1+4\pi^2}\right)\right]$是相等的。若定$a=1$，则可绘制出其曲线弧，如图 6-17 所示。

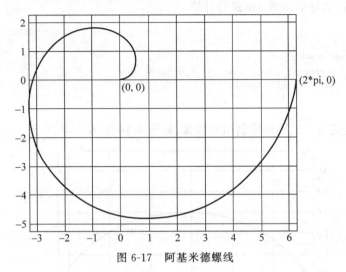

图 6-17　阿基米德螺线

6.4　定积分在物理学上的应用

MATLAB 的符号运算引擎，对于实际的物理问题计算是极其方便的。只需给出问题的框架，让内存成为草稿纸，便能得到所需结果。

6.4.1　变力沿直线所做的功

例 6-14　把一个带电荷量$+q$的点电荷放在r轴上坐标原点O处，它产生一个电场。把一个单位正电荷放在这个电场中距离原点O为r的地方，那么电场对它的作用力的大小为

$$F=k\frac{q}{r^2}\quad(k\text{ 是常数})$$

当这个单位正电荷从电场中$r=a$处沿r轴移动到$r=b(a<b)$处时，计算电场力F对它所做的功。

解：

```
clear
syms k q r F a b
```

```
assume(a > 0 & b > 0)
F = k * q/r^2;
W = int(F,r,a,b)
```

$$W = kq\left(\frac{1}{a} - \frac{1}{b}\right)$$

即做功 $W = kq\left(\dfrac{1}{a} - \dfrac{1}{b}\right)$。

还可以进一步画出电势图(如图 6-18、图 6-19 所示)。以无穷远处为零电势点,取

$$q = 1 \times 10^{-9} \text{C}, \quad k = 8.98 \times 10^{9} \text{N} \cdot \text{m}^2/\text{C}^2$$

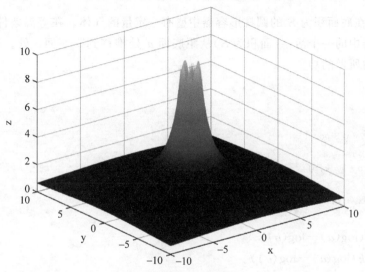

图 6-18　立体电势图

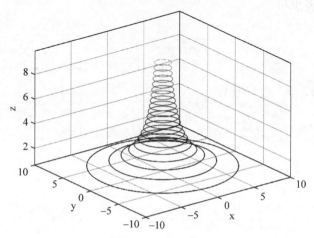

图 6-19　三维电势图

则有

```
k = 8.98E9; q = 1E - 9; E = k * q/r;
n = - 10:.1:10; n(n == 0) = [];
[X,Y] = meshgrid(n);
Z = double(subs(E,r,sqrt(X.^2 + Y.^2)));
high = 10; Z(Z > high) = nan;
surf(X,Y,Z)
shading interp
xlabel('x'), ylabel('y'), zlabel('z')
contour3(X,Y,Z,20)
xlabel('x'), ylabel('y'), zlabel('z')
```

例 6-15　在底面积为 S 的圆柱形容器中盛有一定量的气体。在等温条件下,由于气体的膨胀,把容器中的一个活塞(面积为 S)从距底面 a 处推移到距底面 b 处。计算在移动过程中,气体压力所做的功。

解:

```
clear
syms a b x k V p S positive
V = x * S;
p = solve(p * V - k,p);
F = p * S;
W = int(F,x,a,b)
```

$$W = -k(\log(a) - \log(b))$$

即做功 $W = -k(\log(a) - \log(b))$。

例 6-16　一圆柱形的贮水桶高为 $5\mathrm{m}$,底面半径为 $3\mathrm{m}$,桶内盛满了水。试问要把桶内的水全部吸出需做多少功。

解:

```
clear
syms x
r = 3; h = 5; g = 9.8; rho = 1;
S = pi * r^2;
W = int(rho * S * g * x,x,0,h)
```

$$W = \frac{2205\pi}{2}$$

```
vpa(W)
```

ans = 3463.6059005827470454050643300657

即做功 $W \approx 3463.6\mathrm{J}$。

6.4.2 水压力

例 6-17 一个横放着的圆柱形水桶,桶内盛有半桶水。设桶的底半径为 R,水的密度为 ρ,计算桶的一个端面上所受的压力。

解:

```
clear
syms x g rho R
p = rho * g * x;
dS = 2 * sqrt(R^2 - x^2);
P = int(p * dS,x,0,R)
```

$$P = \frac{2R^3 g\rho}{3}$$

即受压力 $P \approx \frac{2\rho g}{3} R^3$。

6.4.3 引力

例 6-18 设有一长度为 L,线密度为 μ 的均匀细直棒,在其中垂线上距棒 a 单位处有一质量为 m 的质点 M。试计算该棒对质点 M 的引力。

解:

```
clear
syms x y L G m M mu real
syms a positive
dF = G * m * mu/(a^2 + y^2);
alpha = atan(y/a);
dFx = dF * cos(alpha);
Fx = int(dFx,y, - L/2,L/2)
```

$$F_x = \frac{2GLm\mu}{a\sqrt{L^2 + 4a^2}}$$

即受压力 $F_x \approx \frac{2Gm\mu L}{a} \cdot \frac{1}{\sqrt{4a^2 + L^2}}$。

当细直棒很长时,可视 L 趋近于无穷,则有:

```
limit(Fx,L,inf)
```

$$ans = \frac{2Gm\mu}{a}$$

即此时引力的大小为 $F = \frac{2Gm\mu}{a}$，方向与细棒垂直且由 M 指向细棒。

6.5　拓展实例：评估发电机的功率

本案例将使用定积分方法以及 MATLAB 符号数学工具箱和统计与机器学习工具箱，探索并推导出风力发电机产生的平均功率的参数表达式。该参数表达式可用于评价各种风力发电机的配置和风电场的选址，如图 6-20 所示。

图 6-20　风电场示意图

6.5.1　背景

风力发电机的总功率可以通过风能来估计。这就得到了以下表达式：

$$P_{\mathrm{w}} = \frac{\rho A u^3}{2} \tag{6-1}$$

- A 是发电机叶片的扫掠面积，单位为 m^2。
- ρ 是空气密度，单位为 $\mathrm{kg/m}^3$。

- u 是风速,单位为 m/s。

将风能转换为电能的过程会导致能量损失,如图 6-21 所示。

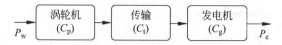

图 6-21 风能转换为电能的过程

风力发电机实际输出的电能可描述为:

$$P_e = \frac{C_{tot}\rho A u^3}{2} \tag{6-2}$$

其中,C_{tot} 是总转换效率,$C_{tot} = C_p C_t C_g$。

总转换效率在 $0.3 \sim 0.5$ 之间,并且会随着风速和发电机转速而改变。对于固定转速,有一个额定风速,此时风力发电机产生的电能接近最大(P_{er}),总转换效率为 C_{totR}。

$$P_{er} = \frac{C_{totR}\rho A u^3}{2} \tag{6-3}$$

假设有一个固定的转速,则风力发电机输出的电能可以用图 6-22 来估计:

其中:

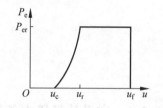

- u_r 为额定风速;
- u_c 为启动风速,即输出的电能大于零并开始发电的速度;
- u_f 为收叶风速,即发电机关闭以防止结构损坏的速度。

图 6-22 发电机输出的电能曲线

如图所示,从 u_c 到 u_r,输出电能逐渐增加,在 u_r 与 u_f 之间,输出电能达到的一个最大值。在所有其他条件下,输出电能为零。

6.5.2 定义电机功率的分段表达式

定义一个描述发电机功率的分段函数。

$$
\begin{cases}
0, & u < u_c \\
C_1 + C_2 u^k, & u_c \leqslant u < u_r \\
P_{er}, & u_r \leqslant u \leqslant u_f \\
0, & u_f < u
\end{cases}
$$

该分段函数的 MATLAB 代码为:

```
syms Per C_1 C_2 k u u_c u_f u_r
Pe = piecewise(u < u_c, 0, u_c <= u <= u_r, C_1 + C_2 * u^k, (u_r <= u) <= u_f, Per, u_f < u, 0)
```

$$
\text{Pe} = \begin{cases} 0 & \text{if } u < u_c \\ C_1 + C_2 u^k & \text{if } u_c \leqslant u \wedge u \leqslant u_r \\ \text{Per} & \text{if } u \leqslant u_f \wedge u_r \leqslant u \\ 0 & \text{if } u_f < u \end{cases}
$$

```
C_1 = (Per * u_c^k)/(u_c^k - u_r^k)
```

$$
C\_1 = \frac{\text{Per} u_c^k}{u_c^k - u_r^k}
$$

```
C_2 = Per/(u_r^k - u_c^k)
```

$$
C\_2 = -\frac{\text{Per}}{u_c^k - u_r^k}
$$

其中,变量 C_1、C_2 的定义如下:

$$
C_1 = \frac{P_{er} u_c^k}{u_c^k - u_r^k}
$$

$$
C_2 = \frac{P_{er}}{u_c^k - u_r^k}
$$

6.5.3 定义外部风力条件

额定输出功率可以很好地表示出风力发电机能够产生多大的功率,但是想要估算的是风力发电机实际提供的功率(平均值)。为了计算平均功率,需要考虑外部风力条件。在风的建模方面,威布尔分布比较合适,因此可以使用下面的概率密度函数来估计风的剖线:

$$
f(u) = \frac{\left(\dfrac{b}{a}\right)\left(\dfrac{u}{a}\right)^{b-1}}{\mathrm{e}^{\left(\frac{u}{a}\right)^b}} \tag{6-4}
$$

一般来说,a 值较大时表示风速比较大,b 值较大时表示变化比较少。

使用统计数据和机器学习工具箱生成一个威布尔分布(如图 6-23 所示),并说明风电场中风的变化情况($a = 12.5, b = 2.2$):

```
a = 12.5;
b = 2.2;
N = 1000;
pd = makedist('Weibull','a',a,'b',b)
```

pd =

WeibullDistribution

Weibull distribution
$A = 12.5$
$B = 2.2$

```
r = wblrnd(a,b,[1 N])
```

$r = 1 \times 1000$

    8.7838   12.6994   0.8917   15.0085   8.4905   9.1428   12.2043…

```
x = linspace(0,34,N);
y = pdf(pd,x);
plot(x,y,'LineWidth',2)
hold on
histogram(r,15,'Normalization','pdf')
hold off
title('风速的威布尔分布')
xlabel('风速/(m/s)')
```

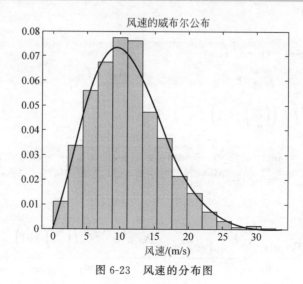

图 6-23　风速的分布图

6.5.4　计算平均功率

风力发电机的平均输出功率可以通过以下积分得到：

$$P_{e_{\text{average}}} = \int_0^\infty P_e(u) f(u) \, du \tag{6-5}$$

当风速小于启动风速 u_c 或大于收叶风速 u_f 时，功率为零。因此，积分可以表示为：

$$P_{e_{\text{average}}} = C_1 \left(\int_{u_c}^{u_r} f(u) \, du \right) + C_2 \left(\int_{u_c}^{u_r} u^b f(u) \, du \right) + P_{er} \left(\int_{u_r}^{u_f} f(u) \, du \right) \tag{6-6}$$

149

式(6-6)中有三个不同的积分,将式(6-4)代入到这些积分中,并使用 $x = \left(\dfrac{u}{a}\right)^b$ 和 $\mathrm{d}x =$ $\left(\dfrac{b}{a}\right)\left(\dfrac{u}{a}\right)^{b-1}\mathrm{d}u$ 进行简化。原来的积分被简化为:

$$\int f(u)\,\mathrm{d}u = \int \frac{1}{\mathrm{e}^x}\mathrm{d}x \tag{6-7}$$

$$\int u^b f(u)\,\mathrm{d}u = a^b\left(\int \frac{x}{\mathrm{e}^x}\mathrm{d}x\right) \tag{6-8}$$

求解这些积分,然后用 $\left(\dfrac{u}{a}\right)^b$ 代替 x,再将结果代入式(6-6),便可以得到风力发电机的平均输出功率的方程。具体的 MATLAB 代码如下:

```
syms a b x
int1 = int(exp( - x), x);
int1 = subs(int1, x, (u/a)^b)
```

$$\mathrm{int1} = -\mathrm{e}^{-\left(\frac{u}{a}\right)^b}$$

```
int2 = int(x * exp( - x) * a^b, x);
int2 = subs(int2, x, (u/a)^b)
```

$$\mathrm{int2} = -a^b\,\mathrm{e}^{-\left(\frac{u}{a}\right)^b}\left(\left(\frac{u}{a}\right)^b + 1\right)$$

```
Peavg = subs(C_1 * int1, u, u_r) - subs(C_1 * int1, u, u_c) + subs(C_2 * int2, u, u_r) -
subs(C_2 * int2, u, u_c) + subs(Per * int1, u, u_f) - subs(Per * int1, u, u_r)
```

Peavg =

$\mathrm{Per}\,\sigma_2 - \mathrm{Per}\,\mathrm{e}^{-\left(\frac{u_f}{a}\right)^b} + \dfrac{\mathrm{Per}\,u_c^k\,\mathrm{e}^{-\left(\frac{u_c}{a}\right)^b}}{\sigma_1} - \dfrac{\mathrm{Per}\,u_c^k\,\sigma_2}{\sigma_1} - \dfrac{\mathrm{Per}\,a^b\,\mathrm{e}^{-\left(\frac{u_c}{a}\right)^b}\left(\left(\frac{u_c}{a}\right)^b + 1\right)}{\sigma_1} + \dfrac{\mathrm{Per}\,a^b\,\sigma_2\left(\left(\frac{u_r}{a}\right)^b + 1\right)}{\sigma_1}$

where

$\sigma_1 = u_c^k - u_r^k$

$\sigma_2 = \mathrm{e}^{-\left(\frac{u_r}{a}\right)^b}$

6.6　动手实践

1. 计算 $y = x^2 - 4$ 与 $y = -\dfrac{1}{2}x^2 + x$ 围成封闭区域的面积。

2. 用 MATLAB 绘图函数画一个圆心在圆点,内环半径为 1,外环半径为 2,颜色为蓝色的圆环。

3. 求星形线 $x^{\frac{2}{3}}+y^{\frac{2}{3}}=a^{\frac{2}{3}}(a>0)$ 围成的图形绕 x 轴旋转一周所产生的旋转体的体积公式,并绘制出 $a=1$ 时的旋转体图形。

4. 求对数螺线 $\rho=e^{\theta}$ 相应于 $0\leqslant\theta\leqslant\varphi$ 的一段弧长,并在极坐标下绘制函数对应于 $0\leqslant\theta\leqslant\frac{\pi}{2}$ 的图形。

5. 一物体按规律 $x=ct^{3}$ 做直线运动,介质的阻力与速度的平方成正比。计算物体由 $x=0$ 移至 $x=a$ 时,克服介质阻力做的功。

6. 设有一半径为 R、中心角为 φ 的圆弧形细棒,其线密度为常数 μ,在圆心处有一质量为 m 的质点 M,试求这细棒对质点的引力。

第7章 微分方程

白云苍狗,沧海桑田,世界总是处在变化之中。有时造成变化的动力完全来自于外部,典型的例子有银行单利存储, $\dfrac{\mathrm{d}y}{\mathrm{d}t} = y_0 r \cdot t$, r 是利率,是一个常数,造成资金变化的变量仅有时间 t ,可以使用微分和积分加以处理;有时这种变化也可以来自系统本身,连续复利问题就是这种情况,每一时刻存款的变化率都与当前的资金量成正比, $\dfrac{\mathrm{d}y}{\mathrm{d}t} = r \cdot y$,此时,则要借助工具——微分方程。

7.1 本章目标

本章将使用 MATLAB 实现微分方程求解。首先,学习一个函数的调用,它可以轻而易举地解决在课本中碰到的所有微分方程;其次,拓展介绍微分方程数值解法的基本思想,发挥 MATLAB 的最大优势;最后,一起完成一个人口预测项目,实现对所学内容的巩固。

7.2 相关命令

下面介绍本章涉及的相关命令。

(1) dsolve:求一般微分方程的解析解。用法如下:

- dsolve(微分方程)。注意:微分方程等号为"＝＝"。
- dsolve(微分方程,初值条件 i)。初值条件个数不限。
- dsolve(微分方程组 i)。微分方程个数不限。

(2) rewrite:表达式改写。用法如下:

rewrite(表达式,'改写目标')。改写目标为 sin 时会保留 cos。

(3) pretty:形式美观。用法如下:

pretty(表达式)。

（4）quiver：向量场。用法如下：

quiver（点的坐标，向量坐标）。

（5）ode45：求微分方程的数值解。用法如下：

ode45（微分方程对应的函数，某个区间上的点，区间左端点的函数值）。

（6）fit：数据拟合。用法如下：

函数 = fit（数据自变量，数据因变量，f）。

7.3　微分方程的解析解

微分方程中，能用初等函数及其组合表达的解，称为解析解（analytical solution）。在课本中遇到的所有微分方程求解问题，都是要求获得其解析解，而这类问题可以通过调用 dsolve 函数解决。

7.3.1　一般微分方程问题

例 7-1　验证函数

$$x = C_1 \cos kt + x = C_2 \sin kt$$

是微分方程

$$\frac{\mathrm{d}^2 x}{\mathrm{d}t^2} + k^2 x = 0$$

的解。

解：

```
syms x(t);              % 声明解析函数 x(t)
syms k;                 % 声明参数 k
% 调用 dsolve 求解;diff(x,2)为对 x(t)求二阶导数
x = dsolve(diff(x,2) == - k * k * x)
```

$$x = C_3 \mathrm{e}^{-kti} + C_4 \mathrm{e}^{kti}$$

得到的结果涉及复数指数形式，而课本上的结果是三角形式，因而可用 rewrite 函数改写：

```
% 将最终结果改写为三角形式
syms x(t);
syms k;
x = dsolve(diff(x,2) == - k * k * x);
rewrite(x,'cos')
```

ans $= C_3(\cos(kt)-\sin(kt)\mathrm{i})+C_4(\cos(kt)+\sin(kt)\mathrm{i})$

rewrite 的作用是将一个函数表达式全部用另一个函数表达，形式为 rewirte（表达式 (expression)，目标函数(target)），主要用于三角与三角、三角与指数之间的互化。然而特殊的是，当目标函数为 cos 时（比如本例），由于 sin 定义域的缘故，将同时保留 sin 与 cos。

重新回到这次的结果，它虽然不含指数，但仍含有虚数。经过求导验证，在复数域中它的确是解。但如果想要获得与课本上相同的实数类型解又该如何呢？

可以将 k 限制为实数，此时也不必要指数与三角形式的互化：

```
% 将 k 限制为实数
syms x(t);
syms k real;
x = dsolve(diff(x,2) == - k * k * x)
```

$x = C_5\cos(kt)-C_6\sin(kt)$

7.3.2 初值问题

在实际问题中，常常会给出一些限制，利用这些限制可以消去微分方程解中的自由变量。对于初值问题，可以在调用 dsolve 输入微分方程后直接加上初值条件即可。

例 7-2 已知函数 $x=C_1\cos kt+x=C_2\sin kt\,(k\neq0)$ 是微分方程 $\dfrac{\mathrm{d}^2x}{\mathrm{d}t^2}+k^2x=0$ 的通解，求满足初值条件

$$\begin{cases} x\big|_{t=0}=A \\ \dfrac{\mathrm{d}x}{\mathrm{d}t}\bigg|_{t=0}=0 \end{cases}$$

的特解。

解：

```
syms x(t);
Dx = diff(x);
syms k real;
syms A;              % 声明参数 A
% 在微分方程后添加初值条件
x = dsolve(diff(x,2) == - k * k * x , x(0) == A , Dx(0) ==0)
```

$x = A\cos(kt)$

一般地，使用 dsolve 求解含有初值条件的微分方程，其格式为：

dsolve(微分方程(equation),初值条件 i(conditioni))

7.3.3 微分方程组问题

当遇到由多个微分方程组成的微分方程组时,也可以使用 dsolve 函数求解。此时,直接将多个微分方程列入 dsolve 的括号内即可。

例 7-3 求解微分方程组:

$$
\begin{cases}
\dfrac{\mathrm{d}y}{\mathrm{d}x} = 3y - 2z \\[2mm]
\dfrac{\mathrm{d}z}{\mathrm{d}x} = 2y - z
\end{cases}
$$

解:

```
syms y(x) z(x)
% 调用 dsolve 求解微分方程组
m = dsolve(diff(y) == 3 * y - 2 * z , diff(z) == 2 * y - z)
```

m = 包含以下字段的 struct:

  z: $[1 \times 1$ sym$]$

  y: $[1 \times 1$ sym$]$

此时获得的结果为两个并未呈现内容的矩阵类型,为了查看此矩阵的具体内容,需要将这个矩阵赋值给另一个变量:

```
m.y
```

ans $= 2C_9 \mathrm{e}^x + C_{10}(\mathrm{e}^x + 2x\mathrm{e}^x)$

```
m.z
```

ans $= 2C_9 \mathrm{e}^x + 2C_{10} x \mathrm{e}^x$

一般地,使用 dsolve 求解微分方程组,其格式为:

```
dsolve(微分方程组 i(equationi))
```

7.4 拓展实例:微分方程的数值解

dsolve 函数可以解决课本中的所有微分方程问题,然而在面对所有微分方程时却不是万能的。有的时候,求不出显式解;有的时候,即使求出了一个解,由于求解过程做的始终是形式运算,最终的结果在收敛性等性质上也表现不良;有的时候,由于 log 函数定义域的问题,解会不完全;有的时候,由于背后算法所限,最后呈现的结果会显得相当复杂;甚至有的时候,得不出任何解。

因此,由于以上种种原因,以及求解实际问题的需要,求解微分方程的数值方法应运而生。在本节中,将介绍一类微分方程:

$$\frac{\mathrm{d}y}{\mathrm{d}x} = f(x, y)$$

的基本的数值解法。

本小节中,首先将介绍此类微分方程求解的数学原理——欧拉法;然后会介绍一种改进欧拉法,用来计算数值积分的一个 MATLAB 函数——ode45。

7.4.1　求数值解的原理

在求解析解的过程中,使用到了各种初等变形以及微积分运算,而求数值解的原理,来源于微分方程的几何意义。

理论教材第 300 页在谈到初值问题时,介绍了一个概念:**积分曲线**（**integral curve**）,即微分方程解的图形。为了更好地理解这个"解的图形"的概念,需要引入一个新概念:**线素场**（**direction field**）。

那么,什么是线素场呢？每当得到一个微分方程:

$$\frac{\mathrm{d}y}{\mathrm{d}x} = f(x, y)$$

时,就可以知道平面上每一个点处对应的 $\frac{\mathrm{d}y}{\mathrm{d}x}$,即该点处的斜率。**由此斜率绘制出的一段小小的线段即称为线素。**

从而,积分曲线的求解过程,即是求出一条曲线,使得曲线上的每一点与线素相切。

例 7-4　通过点 $(1,1)$ 的某条曲线,并且其满足微分方程

$$\frac{\mathrm{d}y}{\mathrm{d}x} = 2x$$

根据这些条件,尝试求 $y(2)$ 的近似值。

解:

根据条件,结合简单的微积分知识,可知此曲线的方程为 $y = x^2$,$y(2) = 4$。接下来,将用数值方法计算 $y(2)$,并将结果加以比较。

可以首先尝试绘制线素场:

```
[x,y] = meshgrid(0:0.3:3,0:0.3:3);        %生成均匀分布的绘制点
u = 1./sqrt(4.*y.*y+1);                    %向量的横坐标
v = 2.*y./sqrt(4.*y.*y+1);                 %向量的纵坐标
figure
quiver(x,y,u,v)                            %绘制线素场
hold on
```

```
m = 0:0.001:sqrt(3);
n = m. * m;
plot(m,n)                            % 绘制此微分方程的解加以比较
title('y = x^2 与线素场');
xlabel('x'), ylabel('y')
p = (1:0.1:2);                       % 分割区间[1,2]
q = p;                               % 对 q 初始化
q(1) = 1;
for ii = 1:10
    q(ii + 1) = q(ii) + 0.1 * 2 * p(ii);   % 递推计算 q
end
plot(p,q,'linewidth',1.5)
```

线素场的绘制需要一定的技巧。首先,需要用到 MATLAB 中绘制向量场的工具——quiver。一般,quiver 接收 4 个参数,quiver(x,y,u,v)。其中,x 是绘制点的横坐标,y 是绘制点的纵坐标,u 是绘制向量的横坐标,v 是绘制向量的纵坐标。

首先,解决绘制点的问题。用 meshgrid 命令 [x,y] = meshgrid(0:0.3:3,0:0.3:3),可生成横坐标从 0 变到 3、间隔为 0.3,纵坐标从 0 变到 3、间隔为 0.3 的若干点。注意,这个间隔 0.3 是经过多次调整而得到的,这些调整是为了图形的美观。

接着,需要从微分方程出发,得出向量横坐标与纵坐标的表达式。为方便起见,使每一个向量的长度都一样,比如 1,于是 $u^2 + v^2 = 1$,结合 $\dfrac{u}{v} = \dfrac{\mathrm{d}y}{\mathrm{d}x} = 2y$,可以解得 $u = \dfrac{2y}{\sqrt{4y^2 + 1}}$,$v = \dfrac{1}{\sqrt{4y^2 + 1}}$。需要注意的是,由于 y 是向量,所以将 u 与 v 的公式翻译为 MATLAB 语言时,乘号需要变为 . *,除号需要变为 . /。另外,在调用 quiver 前,需要先打开画图窗口,使用命令 figure。

最后,通过简单的运算,可以求出此微分方程的解。再使用 plot 命令将此微分方程的解 $y = x^2$ 绘入图形,加以对比。函数 $y = x^2$ 与线素场的图形如图 7-1 所示。

已知此曲线过点 $(1,1)$,现在要求 $y(2)$ 的近似值。当尚未求出微分方程的解时,无法将 $x = 2$ 代入求解,只能借助点 $(1,1)$ 与微分方程。通过微分方程的线素场,可以知道在 $(1,1)$ 处曲线的斜率为 2。如果用直线近似这条曲线,可以得到:

$$y(2) \approx y(1) + 2 \cdot (2 - 1) = 1 + 2 = 3$$

这与实际的 $y(2) = 4$ 有较大的差距,却给估算 $y(2)$ 提供了一种思路:这样的差距来自于用 $x = 1$ 处的斜率代替整个区间 $[1,2]$ 上的斜率。如果能将区间 $[1,2]$ 分割成很多小段 $[x_i, x_{i+1}]$,用 x_i 处的斜率近似计算 $y(x_{i+1})$,即 $y(x_{i+1}) \approx y_{i+1} = y_i + (x_{i+1} - x_i) \cdot 2 \cdot x_i$,不断递推,使斜率不断变化,就可以减少误差。

这段程序有一些需要注意的地方:

首先,变量名之所以没有用 x、y,而采用了 p、q,是因为之前在同一脚本中,为了绘制线

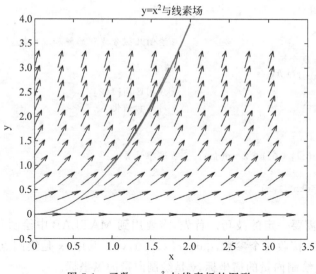

图 7-1　函数 $y = x^2$ 与线素场的图形

素场已使用了 x、y,再次使用会导致覆盖错误。为了避免此类错误,在编写 MATLAB 程序的过程中,可随时参照工作区中的变量名,避免误用。

其次,对 q 的初始化为 q=p,是因为 q 和 p 是规模相同的向量。经过这样的初始化,后台就可以明确 q 的大小,程序运行速度会比不初始化时快很多。感兴趣的读者可以使用 dic、doc 计时工具试验(如果要试验,初始化 q 后别忘了使用 clear 命令清除工作区中的变量 q,以记录真实时间)。

另外,这种方法的实现依赖递推,因此需要用到 MATLAB 中的 for 循环,其语法为

```
for ii = 起始:步长:终值
    循环体
end
```

循环变量常用 ii,因为 i 在 MATLAB 中为内置的虚数。

图 7-1 中,曲线 $y = x^2$ 与估算的曲线基本重合,可见这种数值计算的精度尚可。而调看 y(11)可知,估算的结果为 3.9,与精确值 4 只相差 0.1。甚至,进一步,当间隔取为 0.01 时,两者几乎看不出差别。

这种求解微分方程数值解的方法被称为**欧拉法(Euler's methods)**,是数学家欧拉在解决一个证明问题时提出的,非常适合于计算。

一般地,欧拉法的递推式由 $y_{n+1} = y_n + h \cdot f_n$ 表出,式中 $f_n = f(x_n, y_n)$,而 h 为分割的小段步长。欧拉法的实质,就是一种线性估计的方法。以后的种种微分方程数值方法,都是以欧拉法作为基础的,为了提高估计精度,可以改变点的取法、斜率的取法,进而衍生出中点法(midpoint methods)、**龙格库塔法(Runge-Kutta methods)**等方法。

```
xspan = (1:0.1:2);                % 区间[1,2]上的点
[x,y] = ode45(@(x,y)2 * x,xspan,1);
syms a b positive
syms x
V = int(pi * b^2/a^2 * (a^2 - x^2),x, - a,a)
```

$$V = \frac{4\pi ab^2}{3}$$

7.4.2 使用 ode45 求数值解

ode45 是 MATLAB 内置的求微分方程 $\dfrac{\mathrm{d}y}{\mathrm{d}x} = f(x,y)$ 数值解的函数,采取龙格库塔法,是如今主流的数值解求解函数。

ode45 接收的内容为 ode45(微分方程对应的函数,某个区间上的点,区间左端点的函数值),返回的内容为该区间上近似的函数点。

比如上个例子中,可以直接调用 ode45:

```
xspan = (1:0.1:2);                % 区间[1,2]上的点
[x,y] = ode45(@(x,y)2 * x,xspan,1);
x'
```

ans = 1×11

| 1.0000 | 1.1000 | 1.2000 | 1.3000 | 1.4000 | 1.5000 | 1.6000··· |

```
y'
```

ans = 1×11

| 1.0000 | 1.2100 | 1.4400 | 1.6900 | 1.9600 | 2.2500 | 2.5600··· |

这里用到了**句柄**,即@(x,y)2 * x,其目的为直接定义一个 x、y 的函数 2 * x,使代码变得简洁。

7.5 拓展实例: logistic 人口模型的应用

在本节中,将使用之前学到的知识与一些提供的信息,共同完成一个项目:用 logistic 人口模型预测中国人口,借此实现对本章所学内容的巩固。

在国家统计局网站上可以获得 1998—2017 年的中国人口总数,并制成 excel 表格,储存为文件"PopData.xlsx"。

7.5.1 导入数据

MATLAB 可以与 excel 交互,将 excel 中的内容存储到 MATLAB 的变量中,可以单击【主页】选项卡上的【导入数据】按钮,在 MATLAB 中打开 excel 文件,选取表格内容导入,并选择表格内容存储在 MATLAB 中的变量类型;也可以使用 readtable 或者 xlsread 函数直接读取数据。

将数据文件"PopData.xlsx"导入 MATLAB 中,并存储为数组类型,并绘制此数据对应的散点图:

```
data = readtable("PopData.xlsx");
x = data.Year;
y = data.Population;
plot(x,y,'r*')
xlabel('年'), ylabel('人口/亿人')
```

得到的散点图如图 7-2 所示。

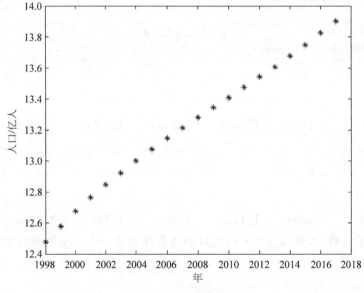

图 7-2 人口散点图

接下来,要建立描述人口变化的数学模型。

由于我国人口是在资源有限的条件下增长的,因此,参考陈阅增的《普通生物学(第 4 版)》的人口增长模型形式,可获得我国人口增长的一个简化模型:logistic growth 模型,如图 7-3 所示。

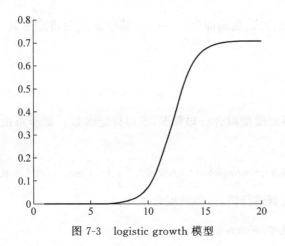

图 7-3 logistic growth 模型

描述此模型的微分方程为

$$\frac{\mathrm{d}N}{\mathrm{d}t} = rN\left(\frac{K-N}{K}\right)$$

其中,N 为人口数,t 为时间,r 为参数,K 为环境容纳量。当 $N > K$ 时,$\dfrac{\mathrm{d}N}{\mathrm{d}t} < 0$,人口数量下降;当 $N < K$ 时,$\dfrac{\mathrm{d}N}{\mathrm{d}t} > 0$,人口数量上升。

得到此微分方程后,可以利用第 7.3 节所学的知识,求解这个微分方程。

7.5.2 建立模型

根据 logistic growth 所对应的微分方程

$$\frac{\mathrm{d}N}{\mathrm{d}t} = rN\left(\frac{K-N}{K}\right)$$

求解描述人口变化的方程。

将参变量 k、r 声明为符号变量,并调用 dsolve 函数求解此微分方程:

```
syms n(t) r;
syms k positive;
eqn = dsolve(diff(n,1) == r * n * (k - n)/k)
```

$$eqn = \begin{pmatrix} K \\ 0 \\ -\dfrac{k}{e^{-k\left(c_{12} + \frac{rt}{k}\right)} - 1} \end{pmatrix}$$

可求得 $N(t)$ 的表达式,化简即为 $\dfrac{1}{a\,\mathrm{e}^{-t}+b}$,其中 a、b 为待定参数。

7.5.3　数据拟合

获得模型后,要用此模型拟合已知数据,求得待定参数。此步可由函数 fittype 与 fit 完成,用法为:

f = fittype('目标函数','independent','自变量','coefficients',{待定参数});

接着,可用已有数据进行拟合,得到拟合函数:

函数 = fit(数据自变量,数据因变量,f)

实现脚本为:

```
f = fittype('1./(a. * exp( − t) + b)','independent','t','coefficients',{'a','b'});
f1 = fit(x,y,f)
```

$f1 =$

General model：

$f1(t) = 1./(a. * \exp(-t)+b)$

Coefficients (with 95% confidence bounds)：

$a = 0.506\ (-\mathrm{Inf}, \mathrm{Inf})$

$b = 0.07561\ (0.07441, 0.07682)$

```
xi = 1998:1:2017;
yi = f1(xi);
plot(x,y,'r * ')
title('直接拟合人口模型')
xlabel('年'), ylabel('人口/亿人')
hold on
plot(xi,yi)
legend('原始数据','模型预测数据')
hold off
```

直接拟合所得的人口模型预测数据与原始数据的比较图如图 7-4 所示。

通过绘图比较拟合效果。可见,由于精度问题,此时的拟合效果较差。因此需要对年份数据进行适当的平移与伸缩:x=(x−pt)./qt。通过多次实验,可得较好的处理为 pt=1997,qt=40。

预处理后再拟合的实现脚本为:

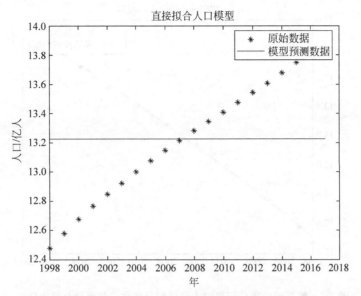

图 7-4　直接拟合所得的人口模型预测数据与原始数据比较图

```
qt = 40;                    % 伸缩系数
pt = 1997;                  % 平移系数
f = fittype('1./(a. * exp( - t) + b)','independent','t','coefficients',{'a','b'});
f2 = fit((x - pt)./qt,y,f)
```

$f2 =$

General model：

$f2(t) = 1./(a. * exp(-t) + b)$

Coefficients (with 95% confidence bounds)：

$a = 0.02138$　$(0.02101, 0.02176)$

$b = 0.05907$　$(0.05878, 0.05936)$

```
xi = 1998:1:2017;
yi = f2((xi - pt)./qt);
plot(x,y,'r * ')
title('数据预处理后人口模型')
xlabel('年'), ylabel('人口/亿人')
hold on
plot(xi,yi)
legend('原始数据','模型预测数据')
hold offff1((2018 - pt)/qt)
```

数据预处理后所得的人口模型预测数据与原始数据的比较图如图 7-5 所示。

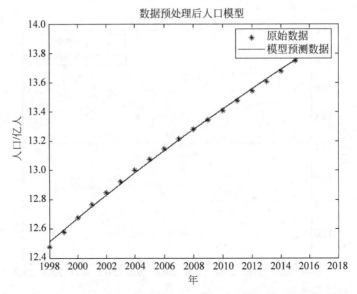

图 7-5　数据预处理后所得的人口模型预测数据与原始数据比较图

7.5.4　结果预测

希望通过得到的函数预测下一年的人口数,可以调用函数 f2 计算下一年的人口:

```
% 应用模型 2 预测 2019 年的人口
yf = f2((2019-pt)/qt)
```

$yf = 14.0039$

而根据国家统计局最新数据:

http://www.stats.gov.cn/tjgz/spxw/201901/t20190131_1647838.html,2019 年初中国的总人口为 13.9538 亿人。可见预测结果还是比较准确的。

7.6　动手实践

1. 使用 dsolve 时调用的函数名可以是缺省的吗？也就是说,调用 dsolve 前的 syms 声明是必要的吗？

2. 上机实验自由常数下标的变化规律,推测作者在编写这一小节时一共调用了多少次 dsolve(假定要求解的一直是例子中的微分方程)。

3. 试调用 dsolve 求解以下微分方程,其中 L、R、C 为常数:

$$L\frac{\mathrm{d}^2 Q}{\mathrm{d}t^2} + R\frac{\mathrm{d}Q}{\mathrm{d}t} + \frac{Q}{C} = 0$$

　　注意：此微分方程有实际背景，Q 代表电量，t 代表时间，L 为电感，R 为电阻。在电路课程中将会经常遇到。

　　4. 调用 dsolve 求解初值问题，若微分方程的解中含有 n 个自由变量，附加的初值条件可以少于 n 个吗？可以多于 n 个吗？

　　5. 调用 dsolve 函数求解理论教材习题 7.2 第 2 小题(1)。

　　6. 调用 dsolve，完成对理论教材 358 页例 2 中微分方程的求解。

　　7. 运用欧拉法，使用理论教材第 307 页例 4 的数据估算水流完的时间。

　　8. 使用 ode45 解决理论教材 3.1 节中的上机作业题，并将两个结果进行比较。

附录 A 命令汇总

(1) syms：声明变量。

(2) diff：求导函数。用法如下：

- diff(f,x)：对 f 关于自变量 x 求一阶导数。
- diff(f,x,n)：对 f 关于自变量 x 求 n 阶导数。

(3) ezplot：二维绘图函数。用法如下：

- ezplot(fun)：绘制表达式 fun(x)在默认定义域 $-2\pi<x<2\pi$ 上的图形，其中 fun(x)仅是 x 的显函数。fun 可以是函数句柄、字符向量或字符串。
- ezplot(fun,[xmin,xmax])：绘制 fun(x)在 xmin$<$x$<$xmax 上的图形。
- ezplot(fun2)：在默认域 $-2\pi<x<2\pi$ 和 $-2\pi<y<2\pi$ 中绘制 fun2(x,y) $=0$ 的图形，其中 fun2(x,y)$=0$ 是隐函数。
- ezplot(fun2,[xymin,xymax])：在 xymin$<$x$<$xymax 和 xymin$<$y$<$xymax 域中绘制 fun2(x,y) $=0$ 的图形。
- ezplot(fun2,[xmin,xmax,ymin,ymax])：在 xmin$<$x$<$xmax 和 ymin$<$y$<$ymax 域中绘制 fun2(x,y) $=0$ 的图形。
- ezplot(funx,funy)：绘制以参数定义的平面曲线 funx(t)和 funy(t)在默认域 $0<t<2\pi$ 上的图形。
- ezplot(funx,funy,[tmin,tmax])：绘制 funx(t)和 funy(t)在 tmin$<$t$<$tmax 上的图形。

(4) subs：替换变量。用法如下：

- subs(f,x,2)：将 x 赋值为 2。
- subs(f,x,z)：将 x 替换为 z。
- subs(f,{x,y},{z,1})：同时将 x 替换为 z，y 赋值为 1。
- subs(f,x,[1,2])：将 x 替换为数组。
- subs(a)：用于把符号运算变为数值解。

(5) limit：极限函数。用法如下：

- limit(f,var,a)：函数 f 在变量 var 下在 a 处的双向极限。

- limit(f,a)：函数 f 在默认变量下在 a 处的双向极限。
- limit(f)：函数 f 在默认变量下在 0 处的双向极限。
- limit(f,var,a,'left')：函数 f 在变量 var 下在 a 处的左极限。
- limit(f,var,a,'right')：函数 f 在变量 var 下在 a 处的右极限。

（6）ln 函数：用 log(x)来表示。

（7）taylor：泰勒展开函数。用法如下：

- taylor(f,var)：默认为五阶 Maclaurin 展开。
- taylor(f,var,a)：默认为五阶的在 a 点的泰勒展开。
- taylor(f,var,a,'order',n)：在 a 点的 n−1 阶泰勒展开。

（8）vpa：控制运算精度。用法如下：

- vap(x)：将结果 x 转化为小数
- vpa(fun,n)：fun 为待积分函数,n 为精确位数。

（9）plot：二维绘图函数。用法如下：

- plot(x,y)：绘制 y 关于 x 的显函数的图形。这里的 x、y 可以为向量、矩阵,但在本书的学习中只用到 x、y 为实数的情况。
- plot(X,Y,LineSpec)：设置线型、标记符号和颜色。
- plot(X1,Y1,…,Xn,Yn)：绘制多个 X、Y 对组的图,所有线条都使用相同的坐标区。
- plot(X1,Y1,LineSpec1,…,Xn,Yn,LineSpecn)：为前两者的综合情况,分别设置不同对组的线型、标记符号和颜色。

（10）title：为绘制的图形添加名称。用法如下：

- title('图形名')：为图形添加名称。

类似地可以对 x 轴和 y 轴命名：xlabel('标题'),ylabel('标题')。

（11）legend：为绘制的图形添加图例。用法如下：

- legend('名称')：为图形添加图例。

（12）@：函数句柄。

（13）fzero：求零点函数。用法如下：

- fzero(f,[a,b])：求零点,需要有 f(a) * f(b)<0。

（14）fminbnd：求区间上的最小值。用法如下：

- fminbnd(fun,a,b)：求函数在区间[a,b]上的最小值。

（15）max、min：返回数组的最大元素、最小元素。用法如下：

- M = max(A)：返回数组的最大元素。
- M = min(A)：返回数组的最小元素。

（16）round：取整函数。用法如下：

- round(a)：取离 a 最近的整数。

(17) int：定积分求解。用法如下：

- int(expr,var,[a b])：计算出区间[a,b]上关于 var 的表达式 expr 的定积分。如果未指定，int 将使用 symvar 确定的默认变量。如果 expr 是常量，则默认变量为 x。int(expr,var,a,b)等价于 int(expr,var,[a b])。

- int(____,Name,Value)：使用一个或多个 Name,Value 对参数指定选项。例如，'IgnoreAnalyticConstraints',true 指定 int 对积分器应用额外的简化。

(18) trapz：梯形法近似求解。用法如下：

- Q = trapz(Y)：通过梯形法计算 Y 的近似积分(采用单位间距)。Y 的大小确定求积分所沿用的维度。

如果 Y 为向量，则 trapz(Y)是 Y 的近似积分；

如果 Y 为矩阵，则 trapz(Y)对每列求积分并返回积分值的行向量；

如果 Y 为多维数组，则 trapz(Y)对其大小不等于 1 的第一个维度求积分。

- trapz(X,Y)：根据 X 指定的坐标或标量间距对 Y 进行积分。

- trapz(____,dim)：使用以前的任何语法沿维度 dim 求积分。必须指定 Y，也可以指定 X。如果指定 X，则它可以是长度 size(Y,dim)的标量或向量。例如，如果 Y 为矩阵，则 trapz(X,Y,2)对 Y 的每行求积分。

(19) quad：抛物线(simpson)法近似积分。用法如下：

- quad(fun,a,b,tol)：使用递归自适应 simpson 积分法求取函数 fun 从 a 到 b 的近似积分，误差为 tol，默认为 $1e-6$。

(20) gamma：求 gamma 积分。用法如下：

- gamma(x)：求 gamma 积分，其中 x 为实数参数。

(21) beta：求 beta 积分。用法如下：

- beta(p,q)：求 beta 积分，其中 p,q 为实数参数。

(22) feval：将变量数值代入符号函数。用法如下：

- feval(fun,x1,…,xm)：将 x1,…,xm 分别代入 fun 方程求解。

(23) vpasolve：数值求解方程。用法如下：

- vpasolve(fun,var)：用数值方法求解变量为 var 的方程 fun 的根。

(24) sort：对数组元素排序。用法如下：

- B = sort(A)：按升序对 A 的元素进行排序。如果 A 是向量，则 sort(A)对向量元素进行排序。

- B = sort(____,direction)：使用上述任何语法返回按 direction 指定的顺序显示的 A 的有序元素。'ascend'表示升序(默认值)，'descend'表示降序。

(25) linspace：生成线性间距向量。用法如下：

- y = linspace(x1,x2)：返回包含 x1 和 x2 之间的 100 个等间距点的行向量。

- y = linspace(x1,x2,n)：生成 n 个点。这些点的间距为 $(x2-x1)/(n-1)$。

linspace 类似于冒号运算符"："，但可以直接控制点数并始终包括端点。

（26）solve：方程和方程组求解。用法如下：

- S＝solve(eqn,var)：求解关于变量 var 的方程 eqn。如果 equ 是表达式而非方程，则视作使表达式等于零的方程。如果不指定变量 var，将用 symvar 函数确定要求解的变量。例如，solve(x＋1＝＝2,x)将会对 x＋1＝2 求解。
- S＝solve(eqn,var,name,value)：使用一个或多个 name 与 value 对求解方程加以限制。例如，solve(x^5－3125,x,'Real',true)将仅给出方程的实根。

（27）polarplot：在极坐标中绘制线条。用法如下：

- polarplot(theta,rho)：在极坐标中绘制线条。theta 表示弧度角，rho 表示每个点的半径值，两者是长度相等的向量或大小相等的矩阵。

（28）fimplicit：绘制隐函数图形。用法如下：

- fimplicit(f)：在默认区间 [－5,5] 上（对于 x 和 y）绘制 $f(x,y) = 0$ 定义的隐函数图形。f 是句柄或符号表达式。
- fimplicit(f,interval)：为 x 和 y 指定绘图区间。interval 是指定区间上下界的向量。

（29）fill：填充二维多边形。用法如下：

- fill(X,Y,C)：根据向量 X 和 Y 中的数据创建填充的多边形。X,Y 由若干个顶点的横坐标、纵坐标组成。fill 可将最后一个顶点与第一个顶点相连以闭合多边形。C 指 Colorspec，用于指定颜色，最简单的指定方式为使用色彩短名称，如表 A-1 所示。

表 A-1　使用色彩短名称

颜　　色	短　名　称
黄色	y
品红	m
青色	c
红色	r
绿色	g
蓝色	b
白色	w
黑色	k

例如，fill([0 2 1],[0 0 2],'r') 用红色填充一个三角形。

（30）fill3：填充三维多边形。用法类似 fill。

（31）mesh：绘制三维网格图。用法如下：

- mesh(X,Y,Z)：用 X,Y,Z 向量代表的三维坐标值对应的点绘制网格图，常配合 meshgrid 使用。

（32）meshgrid：返回二维和三维网格坐标。用法如下：

- [X,Y] = meshgrid(x,y)：基于向量 x 和 y 中包含的坐标返回二维网格坐标。X 是一个矩阵，每一行是 x 的一个副本；Y 也是一个矩阵，每一列是 y 的一个副本。坐标 X 和 Y 表示的网格有 length(y) 个行和 length(x) 个列。

例如：x = 1：3；y = 1：2；[X,Y] = meshgrid(x,y)

X =

    1   2   3

    1   2   3

Y =

    1   1   1

    2   2   2

（33）surf：绘制三维曲面图。用法如下：

- surf(X,Y,Z)：用 X,Y,Z 向量代表的三维坐标值对应的点绘制网格图,常配合 meshgrid 使用。

（34）contour3：绘制三维等高线图。用法如下：

- contour3(X,Y,Z,n)：X,Y,Z 向量代表所有点的三维坐标值,该函数将在三维视图中以 n 个等高线层级绘制关于 Z 的等高线图。

（35）text：向数据点添加文本说明。用法如下：

- text(x,y,txt)：使用由 txt 指定的文本,向当前坐标区中的一个或多个数据点添加文本说明。若要将文本添加到一个点,需将 x 和 y 指定为以数据单位表示的标量。若要将文本添加到多个点,需将 x 和 y 指定为长度相同的向量。

- text(x,y,z,txt)：在三维坐标中定位文本。

（36）shading：设置颜色着色属性。用法如下：

- shading flat：每个网格线段和面具有恒定颜色,该颜色由该线段的端点或该面的角边处具有最小索引的颜色值确定。

- shading faceted：具有叠加的黑色网格线的单一着色。这是默认的着色模式。

- shading interp：通过在每个线条或面中对颜色图索引或真彩色值进行插值来改变该线条或面中的颜色。

（37）alpha：向坐标区中的对象添加透明度。用法如下：

- alpha value：为当前坐标区中支持透明度的图形对象设置面透明度。将 value 指定为介于 0(透明)和 1(不透明)之间的标量值。

（38）dsolve：求一般微分方程的解析解。用法如下：

- dsolve(微分方程)。方程等号为"=="。

- dsolve(微分方程,初值条件 i)。初值条件个数不限。

- dsolve(微分方程组 i)。微分方程个数不限。

（39）rewrite：表达式改写。用法如下：

- rewrite(表达式,'改写目标')。改写目标为 sin 时会保留 cos。

（40）pretty：形式美观。用法如下：

- pretty(表达式)。

（41）quiver：向量场。用法如下：

• quiver(点的坐标,向量坐标)。

（42）hold on：在已经打开的图窗上继续绘图。

（43）for：调用循环语句。用法如下：

• for ii = 起始:步长:终值

    循环体

    end

（44）ode45：求微分方程的数值解。用法如下：

• ode45(微分方程对应的函数,某个区间上的点,区间左端点的函数值)。

（45）fittype：微分方程数值解。用法如下：

• f = fittype('目标函数','independent','自变量','coefficients',{待定参数})。

（46）fit：数据拟合。用法如下：

• 函数 = fit(数据自变量,数据因变量,f)。

参 考 文 献

[1] 同济大学数学系. 高等数学(上册)[M]. 7 版. 北京：高等教育出版社,2014.

[2] 卓金武,王鸿钧. MATLAB数学建模方法与实践[M]. 3 版. 北京：北京航空航天大学出版社,2018.

图 书 资 源 支 持

感谢您一直以来对清华大学出版社图书的支持和爱护。为了配合本书的使用，本书提供配套的资源，有需求的读者请扫描下方的"书圈"微信公众号二维码，在图书专区下载，也可以拨打电话或发送电子邮件咨询。

如果您在使用本书的过程中遇到了什么问题，或者有相关图书出版计划，也请您发邮件告诉我们，以便我们更好地为您服务。

我们的联系方式：

地　　址：北京市海淀区双清路学研大厦 A 座 701

邮　　编：100084

电　　话：010-83470236　　010-83470237

资源下载：http://www.tup.com.cn

客服邮箱：tupjsj@vip.163.com

QQ：2301891038（请写明您的单位和姓名）

用微信扫一扫右边的二维码,即可关注清华大学出版社公众号。

教学资源·教学样书·新书信息

人工智能科学与技术
人工智能|电子通信|自动控制

资料下载·样书申请

书圈